U0323468

大连市民环境教育
读　本

DALIAN SHIMIN HUANJING JIAOYU
DUBEN

Environmental
Education

主　编　张海冰　赵　阳
副主编　曲晓新　鞠振伟

中国环境出版社·北京

图书在版编目（CIP）数据

大连市民环境教育读本 / 张海冰，赵阳主编． -- 北京：中国环境出版社，2017.5

ISBN 978-7-5111-3185-0

Ⅰ．①大… Ⅱ．①张… ②赵… Ⅲ．①环境教育—基本知识 Ⅳ．①X-4

中国版本图书馆 CIP 数据核字（2017）第 090246 号

出 版 人	王新程
责任编辑	赵惠芬
责任校对	尹　芳
封面设计	冀贵收
版式设计	彭　杉

出版发行 中国环境出版社

（100062　北京市东城区广渠门内大街 16 号）

网　　址：http://www.cesp.com.cn

电子邮箱：bjgl@cesp.com.cn

联系电话：010-67112765（编辑管理部）

010-67168033（环境技术分社）

发行热线：010-67125803，010-67113405（传真）

印　　刷	北京中科印刷有限公司
经　　销	各地新华书店
版　　次	2017 年 5 月第 1 版
印　　次	2017 年 5 月第 1 次印刷
开　　本	787×960　1/16
印　　张	15
字　　数	215 千字
定　　价	80.00 元

编委会

主　编

张海冰　赵　阳

副主编

曲晓新　鞠振伟

编　委

邢欣荣　崔冬光　杨安丽　马振凯　任弘道　孙小龙
高英杰　赵冬梅　赵丽丽　吕佳芮　刘　洋

编写专家

方针政策篇

梁晓敏　　中国人民大学

张冯楠　　中国人民大学

探索前行篇

邢欣荣　　大连市环境保护局

高英杰　　大连市环境宣传教育中心

任弘道　　大连市环境宣传教育中心

绿色生活篇

段小丽　　北京科技大学

赵秀阁　　中国环境科学研究院

科学技术篇

陈　瑶　　环境保护部环境发展中心

序

i

图书与人类的环境保护事业有着特殊渊源。1962年，蕾切尔·卡逊女士出版了不朽名著《寂静的春天》，这本书开启了现代环境保护运动和生态文明思想的先河，影响了无数的环保后来人。

出版公益类大众环境读物，既是响应党和国家"建设生态文明"的伟大召唤，也是为了满足社会大众不断增长的对环境文化消费的内在需求，更是环保人履行社会责任的神圣义务。新修订的《中华人民共和国环境保护法》规定，"各级人民政府应当加强环境保护宣传和普及工作"；中共中央、国务院出台的《关于加快推进生态文明建设的意见》提出，"积极培育生态文化、生态道德，使生态文明成为社会主流价值观，成为社会主义核心价值观的重要内容"；《中共中央关于制定国民经济和社会发展第十三个五年规划的建议》也提出，"加强资源环境国情和生态价值观教育，培养公民环境意识，推动全社会形成绿色消费自觉"。

为进一步加强生态环境保护宣传教育工作，增强全社会生态环境意识，大连市环保局与教育局一同，组织了包括环保专家、教育专家及一线中小学教师组成的编写队伍，历时一年时间，编辑、出版了这本《大连市民环境教育读本》。

作为一本面向大连全体市民的通俗易懂的环保科普读物，读本一方面注重普及较为系统、全面的环保知识，培养民众的环保意识和环保技能；另一方面也注重教育规律的把握，注意环保知识的由浅入深、循序渐进，同时通过培育民众的环保参与意识,全面提高民众环保素养。读本包括"方针政策""探索前行""绿色生活""科学技术"四部分，根据不同读者群体的阅读需求，我们力求在读本中权威准确地阐释国家环境保护形势政策，深入浅出地传播生态文明理念，通俗易懂地讲解环境保护科学知识，有的放矢地介绍环保公众参与的方法和途径，循序渐进地引领绿色生活方式，努力使读本成为大连市民喜闻乐见的高质量环保读物。

今后，我局将继续根据环境保护事业发展中不断出现的新思想、新形势和新实践，全社会关注的环境热点、焦点、难点问题，以及与人民群众日常生活息息相关的环境话题，不断推出高质量环保普及读物，积极引导公众知行合一，自觉履行环境保护义务，形成与全面建成小康社会相适应，人人、事事、时时崇尚生态文明的社会氛围。

大连市环境保护局局长

二〇一七年三月一日

目录

方针政策篇

FANGZHEN
ZHENGCEPIAN

第一章

生态文明
——可持续发展的必由之路
SHENGTAI WENMING

一、中国古代朴素的生态文明思想

在中国古代历史发展过程中，不断产生着生态文明思想，为我们今天认识和处理人与自然的关系问题提供了宝贵的思想基础。探寻中国古代生态文明思想的发展，对推进现代生态文明建设，具有重要的现实意义。

中国古代生态文明思想的核心是——"天人合一"思想。"天人合一"

不违农时。
山不槎蘖，泽不伐夭。
数罟不入洿池。

强调顺应自然，因地制宜，与自然协调一致，和谐共处。这种思想历史悠久，中国传统文化中的两个主要思想流派——儒家和道家均对其作过论述。

老子最早提出"天人合一"思想，认为人与其所属的人类社会都是自然的产物。庄子提出"天地者，万物之父母也"，"天地与我并生，万物与人为一"，认为人是自然的一部分，天与人是统一的。荀子"制天命而用之"，孟子"天地同诚"等都是"天人合一"思想的发展。

基于对"天人合一"的认识，中国古代思想家立足于现实社会，针对当时所存在的环境问题，提出了相应的保护措施，形成了诸多颇有价值的环境和谐观。我国古代的农耕文化以顺应作物的生长和节气变化为出发点，蕴含了朴素的生态思想，是现代生态农业、生态林业的雏形。

（一）采伐林木、捕猎动物要遵守"时禁"

如孟子提出"不违农时，谷不可胜食也，数罟不入洿池，鱼鳖不可胜食也；斧斤以时入山林，材木不可胜用也"；东周管仲提出"敬山泽林薮积草，夫财之所出，以时禁发焉"；《吕氏春秋》中也提到"四时之禁"等。

（二）严格限制采伐对象和方式

《国语·鲁语》指出："山不槎蘖，泽不伐夭。"《逸周书·文传》强调："无伐不成材。"都是要求对于正在生长的幼树苗予以保护，禁止砍伐。《逸周书·文传》说："不麛不卵，已成鸟兽之长。"《礼记·王制》说："不麛不卵，不杀胎，不夭牝，不覆巢。"要求不杀胎、不斩幼、不毁卵覆巢，以免导致物种灭绝。

孟子认为"数罟不入洿池，鱼鳖不可胜食也。"意思是：细密的渔网不放入大塘捕捞，鱼鳖就吃不完。也就是说要求人们在捕获过程中，禁止使用像"数罟"这样破坏力较强的工具，不竭泽而渔。

（三）设立环境保护部门颁布法令

早在周代时我国已建立了生态资源的管理部门，中央政府中设有冢宰和大司徒，制定森林管理的政策和法令即为他们的职责之一，其下设有虞、衡等官吏，具体负责森林的日常管理。

西周时已有了较为严厉的生态保护法令，如《伐崇令》即有这样的规定："勿伐树木，勿动六畜，有不如令者，死无赦。"即要求在军队作战中不准砍伐树木，禁止伤害六畜，如有违反者将处以死刑。

二、工业文明带来的环境问题

工业文明是以工业化为重要标志、机械化大生产占主导地位的一种现代社会文明状态。其主要特点大致表现为工业化、城市化、法制化与民主化、社会阶层流动性增强、教育普及、消息传递加速、非农业人口比例大幅度增长、经济持续增长等。

工业文明的优势是规模化生产，大大提高了工作效率，使人类商品迅速丰富。然而它同时也带来了对地球资源的消耗与污染急剧加速。

然而，环境问题不只是技术或科学层面的问题，也不只是经济或政治层面的问题，而是工业文明自身无法避免与克服的问题。因此，环境问题无法在工业文明的框架内得到有效解决，这需要我们反思工业文明，构建生态文明。

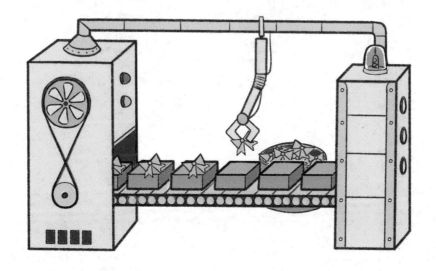

三、生态文明是中国可持续发展的必由之路

目前我国资源总量锐减、环境污染严重、生态系统退化等生态环境问题严重，应树立尊重自然和保护自然的生态文明观念，促进经济社会的可持续发展。

生态文明是人类文明发展的一个新的阶段，即工业文明之后的文明形态。

党的十八大报告指出：建设生态文明，是关系人民福祉、关乎民族未来的长远大计。要把生态文明建设放在突出地位，努力建设美丽中国，实现中华民族永续发展。

专栏

十八大以来关于"生态文明"论述精编

良好生态环境是最普惠的民生福祉

青山绿水金山银山	建设生态文明是关系人民福祉、关系民族未来的大计。我们既要绿水青山，也要金山银山。宁要绿水青山，不要金山银山，而且绿水青山就是金山银山。 ——2013年9月7日，习近平在哈萨克斯坦纳扎尔巴耶夫大学回答学生问题时指出
最公平的公共产品	良好生态环境是最公平的公共产品，是最普惠的民生福祉。 ——2013年4月8日至10日，习近平在海南考察时指出
紧迫性和艰巨性	生态环境保护是功在当代、利在千秋的事业。要清醒认识保护生态环境、治理环境污染的紧迫性和艰巨性，清醒认识加强生态文明建设的重要性和必要性，以对人民群众、对子孙后代高度负责的态度和责任，为人民创造良好生产生活环境。 ——2013年5月24日，习近平在中央政治局第六次集体学习时指出

问题高度集中

　　高耗能、高污染、高排放问题如此严重，导致河北生态环境恶化趋势没有扭转。这些年，北京雾霾严重，可以说是"高天滚滚粉尘急"，严重影响人民群众身体健康，严重影响党和政府形象。

　　——2013年9月23日至25日，习近平在参加河北省委常委班子专题民主生活会时上指出

任重而道远

　　我们必须清醒地看到，我国总体上仍然是一个缺林少绿、生态脆弱的国家，植树造林，改善生态，任重而道远。

　　——2013年4月2日，习近平在参加首都义务植树活动时强调

保护生态环境就是保护生产力

绝不对立 关键在人

保护生态环境就是保护生产力，绿水青山和金山银山绝不是对立的，关键在人，关键在思路。

——2014 年 3 月 7 日，习近平在参加贵州团审议时强调

里面有很大 的政治

如果仍是粗放发展，即使实现了国内生产总值翻一番的目标，那污染又会是一种什么情况？届时资源环境恐怕完全承载不了。经济上去了，老百姓的幸福感大打折扣，甚至强烈的不满情绪上来了，那是什么形势？所以，我们不能把加强生态文明建设、加强生态环境保护、提倡绿色低碳生活方式等仅仅作为经济问题。这里面有很大的政治。

——2013 年 4 月 25 日，习近平在十八届中央政治局常委会会议上发表讲话时谈到

去掉 GDP 紧箍咒

要给你们去掉紧箍咒，生产总值即便滑到第七、第八位了，但在绿色发展方面搞上去了，在治理大气污染、解决雾霾方面作出贡献了，那就可以挂红花、当英雄。反过来，如果就是简单为了生产总值，但生态环境问题越演越烈，或者说面貌依旧，即便搞上去了，那也是另一种评价了。

——2013 年 9 月 23 日至 25 日，习近平在参加河北省委常委班子专题民主生活会时指出

以系统工程思路抓生态建设

**协调促进
多策并举**

　　环境治理是一个系统工程，必须作为重大民生实事紧紧抓在手上。大气污染防治是北京发展面临的一个最突出的问题。要坚持标本兼治和专项治理并重、常态治理和应急减排协调、本地治污和区域协调相互促进，多策并举，多地联动，全社会共同行动。

　　　　——2014 年 2 月 25 日，习近平在北京考察工作时强调

节约资源

　　节约资源是保护生态环境的根本之策。要大力节约集约利用资源，推动资源利用方式根本转变，加强全过程节约管理，大幅降低能源、水、土地消耗强度，大力发展循环经济，促进生产、流通、消费过程的减量化、再利用、资源化。

　　　　——2013 年 5 月 24 日，习近平在中央政治局第六次集体学习时指出

**管制修复
遵循自然
规律**

　　山水林田湖是一个生命共同体，人的命脉在田，田的命脉在水，水的命脉在山，山的命脉在土，土的命脉在树。用途管制和生态修复必须遵循自然规律，由一个部门负责领土范围内所有国土空间用途管制职责，对山水林田湖进行统一保护、统一修复是十分必要的。

　　　　——2013 年 11 月 15 日，习近平在对《中共中央关于全面深化改革若干重大问题的决定》作说明时指出

三个"表态"和三个"概念"

承担应尽国际义务

我国将继续承担应尽的国际义务，同世界各国深入开展生态文明领域的交流合作，推动成果分享，携手共建生态良好的地球美好家园。

——2013 年 7 月 18 日，习近平向生态文明贵阳国际论坛 2013 年年会致贺信时强调

民有所呼我有所应

虽然说按国际标准控制 $PM_{2.5}$ 对整个中国来说提得早了，超越了我们发展阶段，但要看到这个问题引起了广大干部群众高度关注，国际社会也关注，所以我们必须处置。民有所呼，我有所应！

——2014 年 2 月 26 日，习近平在北京市考察工作结束发表讲话时谈到

建设美丽中国

我们将继续实施可持续发展战略，优化国土空间开发格局，全面促进资源节约，加大自然生态系统和环境保护力度，着力解决雾霾等一系列问题，努力建设天蓝地绿水净的美丽中国。

——2014 年 6 月 3 日，习近平在 2014 年国际工程科技大会上发表主旨演讲时强调

绿色银行

希望海南处理好发展和保护的关系，着力在"增绿"、"护蓝"上下功夫，为全国生态文明建设当个表率，为子孙后代留下可持续发展的"绿色银行"。

——2013 年 4 月 8 日至 10 日，习近平在海南考察时指出

海绵城市

比如，在提升城市排水系统时要优先考虑把有限的雨水留下来，优先考虑更多利用自然力量排水，建设自然积存、自然渗透、自然净化的"海绵城市"。许多城市提出生态城市口号，但思路却是大树进城、开山造地、人造景观、填湖填海等。这不是建设生态文明，而是破坏自然生态。

——2013 年 12 月 12 日，习近平在中央城镇化工作会议上发表讲话时谈到

空气罐头

现在一些城市空气质量不好，我们要下决心解决这个问题，让人民群众呼吸新鲜的空气。将来可以制作贵州的"空气罐头"……

——2014 年 3 月 7 日，习近平在参加贵州团审议时强调

第二章 解读新环境保护法

JIEDU XINHUANJING BAOHUFA

　　《环境保护法》自1989年开始实施以来，修法呼声不断，此次修订历时三年半之久，经过反复修改，两次公开征求意见和两届人大的四次审议以后，于2014年4月24日在十二届全国人大常委会第八次会议上表决通过。

　　修改后的《环境保护法》共七章七十条，与1979年试行版的七章三十三条、1989年版的六章四十七条相比，有了较大变化。修订后的《环境保护法》，进一步明确了政府对环境保护的监督管理职责，完善了生态保护红线、污染物总量控制、环境监测和环境影响评价、跨行政区域联合防治等环境保护基本制度，强化了企业防治污染的主体责任，加大了对环境违法行为的法律制裁，还就政府、企业公开环境信息和公众参与、监督环境保护做出系统规定。

一、《环境保护法》修订背景

（一）严峻的环境污染形势

粗放式的经济发展以牺牲环境为代价，在经济增长的同时，环境问题层出不穷。雾霾、水污染、气候变暖……环境问题已然成为中国最大的民生问题。

1. 大气环境状况

2015 年，全国 338 个地级以上城市中，有 73 个城市环境空气质量达标，占 21.6%；265 个城市环境空气质量超标，占 78.4%。338 个地级以上城市平均达标天数比例为 76.7%；平均超标天数比例为 23.3%，其中轻度污染天数比例为 15.9%，中度污染为 4.2%，重度污染为 2.5%，严重污染为 0.7%。

2011 年，世界卫生组织发布的世界城市空气质量报告，在 91 个国家中我国排名倒数第 15 位，1082 个城市排名中，北京列 1035 位，全国城市空气质量最好的海口也在 800 位之后。

2. 水环境状况

2015 年，我国 972 个地表水国控断面（点位）覆盖了七大流域、浙闽片河流、西北诸河、西南诸河及太湖、滇池和巢湖的环湖河流共 423 条河流，以及太湖、滇池和巢湖等 62 个重点湖泊（水库），其中有 5 个断面无数据，不参与统计。监测表明，Ⅰ类水质断面（点位）占 2.8%、、Ⅱ类占 31.4%、Ⅲ类占 30.3%、Ⅳ类占 21.1%、Ⅴ类占 5.6%、劣Ⅴ类占 8.8%。

3. 土壤环境状况

2014 年发布的《全国土壤污染状况调查公报》显示，全国土壤环境状况总体不容乐观，总的点位超标率为 16.1%，部分地区土壤污染较重，耕地土壤环境质量堪忧，工矿业废弃地土壤环境问题突出。从土地利用类型看，耕地、林地、草地土壤点位超标率分别为 19.4%、10.0%、10.4%。

专栏

图解 2015 环保质量报告

大气

全国 338 个地级以上城市中，有 73 个城市环境空气质量达标，占 21.6%；265 个城市环境空气质量超标，占 78.4%。

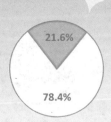

21.6%

78.4%

海口、厦门、惠州、舟山、拉萨、福州、深圳、昆明、珠海和丽水

空气质量相对较好的 10 个城市

空气质量相对较差的 10 个城市

保定、邢台、衡水、唐山、郑州、济南、邯郸、石家庄、廊坊和沈阳

74 个新标准第一阶段监测实施城市中，11 个城市空气质量达标，63 个城市环境空气质量超标。

土壤

全国年内净减少耕地面积：**10.73 万** 公顷。

全国现有土壤侵蚀总面积：**294.9 万** 平方千米，

占普查范围总面积的**31.1%**。

水

967 个地表水国控断面（点位）水质监测情况：

劣 V 类 8.8%
Ⅰ 类 2.8%
V 类 5.6%
Ⅱ 类 31.4%
Ⅳ 类 21.1%
Ⅲ 类 30.3%

5118 个地下水水质监测点水质情况：

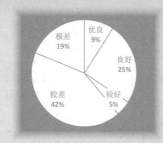

极差 19%
优良 9%
良好 25%
较差 42%
较好 5%

61 个湖泊（水库）营养状态监测结果：

贫营养 6 个
中度营养 2 个
轻度营养 12 个
中营养 41 个

全国近岸海域 301 个国控监测点监测结果：

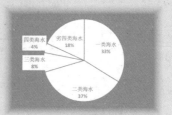

四类海水 4%
劣四类海水 18%
一类海水 33%
三类海水 8%
二类海水 37%

9 个重要海湾水质：

北部湾：优

黄河口、胶州湾：一般

辽东湾、渤海湾、闽江口：差

长江口、杭州湾、珠江口：极差

（二）国家宏观发展战略的调整

1. 环保新理念不断出现

● **环保新理念**

十七大 ● 将"坚持以人为本，树立全面、协调、可持续的发展观，促进经济社会和人的全面发展"的科学发展观写入党章，并首次在报告中提出建设生态文明

十八大 ● 把生态文明建设提升至与经济、政治、文化、社会四大建设并列的高度，列为建设中国特色社会主义的"五位一体"的总布局之一

十八届
三中全会 ● 加快生态文明制度建设

2. 社会主义市场经济体制的建立和完善

1992 年 ● 十四大确立，我国经济体制改革的目标，是建立社会主义市场经济体制

1993 年 11 月 ● 十四届三中全会通过《中共中央关于建立社会主义市场经济体制若干问题的决议》

2003 年 10 月 ● 十六届三中全会通过《中共中央关于完善社会主义市场经济体制若干问题的决定》

2013 年 11 月 ● 十八届三中全会通过《中共中央关于全面深化改革若干重大问题的决定》提出，"使市场在资源配置中起决定性作用"，"加快完善现代市场体系"

3. 公众对环境质量有了新期盼

当环境污染变得触目可及，雾霾等公众污染事件频繁发生并不断加剧，人们的环保意识也随之慢慢觉醒，与过去的漠不关心相比，这的确很可喜。但是，人们对于良好生活环境的期待值总是会被现实的污染问题所降低，对

于环境的恐惧感却渐渐加深，为了缓解公众对于政府的不信任，必须要从立法层面进行改变。

4. 旧版环保法存在不适应新形势的一些关键性问题

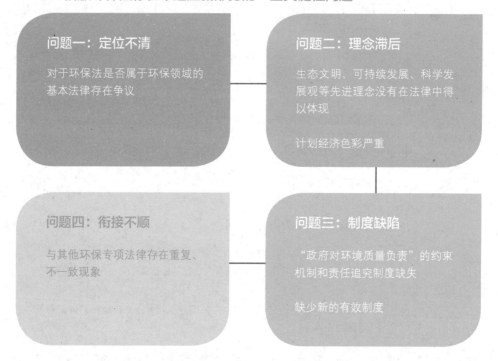

问题一：定位不清

对于环保法是否属于环保领域的基本法律存在争议

问题二：理念滞后

生态文明、可持续发展、科学发展观等先进理念没有在法律中得以体现

计划经济色彩严重

问题四：衔接不顺

与其他环保专项法律存在重复、不一致现象

问题三：制度缺陷

"政府对环境质量负责"的约束机制和责任追究制度缺失

缺少新的有效制度

问题一：定位不清

对于环保法是否属于环保领域的基本法律存在争议。从立法主体层面上讲，环保法由全国人大常委会制定，不应属于基本法；但从其内容上看，该法的规定基本是关于一些基本制度的原则性规定，属于一部综合性的法律，性质类似于环境基本法。

问题二：理念滞后

● 生态文明、可持续发展、科学发展观等先进理念没有在法律中得以体现。

旧版环保法

第 1 条
为保护和改善生活环境与生态环境，防治污染和其他公害，保障人体健康，促进社会主义现代化建设的发展，制定本法。

第 4 条
国家制定的环境保护规划必须纳入国民经济和社会发展计划，国家采取有利于环境保护的经济、技术政策和措施，使环境保护工作同经济建设和社会发展相协调。

经过六次政府机构改革之后，建设项目的行业性"主管部门"大都已经不复存在，"计划部门"对具体项目"设计任务书"的审批职能也已发生重大转变。

● 计划经济色彩严重。

旧版环保法

第 13 条
建设项目的环境影响报告书应当由"项目主管部门"预审，同时规定"计划部门批准建设项目设计任务书"。

第 29 条
对污染严重的企业，由"直接管辖"该企业的人民政府决定限期治理。

自 20 世纪 80 年代初，经济体制改革以来，政企关系发生了根本性的变化，绝大多数企业实行自主经营，政府基本上不再直接管辖企业。

问题三：制度缺陷

● "政府对环境质量负责"的约束机制和责任追究制度缺失。

旧版环保法调整对象主要是企事业单位，缺乏调整和约束政府行为的明确规定。

地方人民政府对当地环境质量负责，形同虚设，无法执行到位。其结果是，在一些地区，地方经济发展与环境保护"两层皮"现象比较严重，地方政府在决策时，一遇到经济发展与环境保护相冲突的问题，经常是环保让位于发展，使得地方保护主义有机可乘。

● 缺少新的有效制度。

实践中，政绩考核、生态补偿、污染责任保险、排污权交易、排污许可证、跨界环境管理、区域限批、行业限批、公众参与等方面有不少制度创新，实施效果明显。

问题四：衔接不顺

《环境保护法》自 1979 年以"试行法"的形式公布后，水、大气、噪声、固体废物、放射性及海洋等专项环保法相继制定或者修订。

《环境保护法》规定的环境质量标准、污染物排放标准、环境监测、环境影响评价、现场检查、跨界污染纠纷、限期治理、环保设施与主体工程同时设计、同时施工、同时投产的"三同时"、排污申报登记、排污收费、污染赔偿纠纷的行政处理等 11 项制度和措施，绝大部分被上述各专项环保法重复，重复的同时还作了修改。

根据"特殊法优于一般法"的规则，在环境监管实践中，实际上主要适用的是各专项环保法律，而作为一般法的《环境保护法》，长期以来基本上处于被"束之高阁"的尴尬状态。

旧版环保法全部条文 47 条中，被其他环保专项法律重复的条款达 31 条之多，重复率高达 66%；与单行法不一致的共 7 个条款，例如排污收费、限期治理、处罚主体等。

二、新环保法你必须知道的亮点

（一）凸显"生态文明"和"促进经济社会的可持续发展"理念

新环保法将旧法的"促进社会主义现代化建设的发展"替换为"推进生态文明建设，促进经济社会可持续发展"。

《环保法》第四条

"保护环境是国家的基本国策。国家采取有利于节约和循环利用资源、保护和改善环境、促进人与自然和谐的经济、技术政策和措施，使经济社会发展与环境保护相协调。"

（二）确立生态红线制度

《环保法》第二十九条

"国家在重点生态功能区、生态环境敏感区和脆弱区等区域划定生态保护红线，实行严格保护。"

重点生态功能区红线	生态脆弱区红线	生态敏感区红线
● 国家生态安全的底线 ● 对水源涵养区、土壤保持区、防风固沙区、生物多样性保护区、洪水调蓄区等5类区域的划定 ● 解决生态保护与资源开发之间的矛盾	● 生态脆弱区红线 ● 人居环境与经济社会发展的基本生态保护线 ● 不同生态系统之间交界过渡的区域	● 人居环境与经济社会发展的基本生态保护线 ● 对外界干扰的反应敏感，易受人为扰动的区域

（三）建立了公共监测预警机制

《环保法》 第四十七条	"县级以上政府应建立环境污染公共监测预警机制，组织制定预警方案并依法及时公布预警信息，启动应急措施；企业事业单位应当按照国家有关规定制定突发环境事件应急预案，并及时采取措施处理和进行通报、报告；政府应组织评估事件造成的环境影响和损失，并及时将评估结果向社会公布。"

（四）凸显环境保护的民主性

新增"第五章　信息公开和公众参与"，明确了环保部门、政府和企业的信息公开义务和公众的参与环境监督管理的方式、方法、步骤。

（五）法律责任更为严格

新环保法被称为"史上最严的环保法"，是"有牙齿"的环保法。新环保法对污染"零容忍"，而且惩治措施也非常严厉。

新《环保法》被称为"史上最严"主要体现在两个方面：第一，从企业来讲，新《环保法》对违法企业处罚上不封顶；第二，环保部门可以对企业直接进行查封，甚至对责任人进行直接拘留。

另外，对执法者而言，也有明确严格的规定。如果是执法部门对环境的监管不力，将面临着可能会开除公职，或者是撤职的风险。

三、新环保法重要条文解读

（一）政府责任

总则

第八条【加大环境保护的财政投入】各级人民政府应当加大保护和改善环境、防治污染和其他公害的财政投入，提高财政资金的使用效益。

新环保法明确了政府"应当"加大环境保护投入的责任，体现了党和国家的高度重视。

监督管理

第二十六条【环境保护目标责任制和考核评价制度】
国家实行环境保护目标责任制和考核评价制度。县级以上人民政府应当将环境保护目标完成情况纳入对本级人民政府负有环境保护监督管理职责的部门及其负责人和下级人民政府及其负责人的考核内容，作为对其考核评价的重要依据。考核结果应当向社会公开。

考核评价是政府意志的风向标
将环保工作与政府绩效挂钩
有利于从制度层面转换各级政府的工作思维
纠正了片面追求经济增长的偏向
引导领导干部树立正确的政绩观
促进经济社会的可持续发展

保护和改善环境

第三十六条【绿色消费和绿色采购】
国家鼓励和引导公民、法人和其他组织使用有利于保护环境的产品和再生产品，减少废弃物的产生。
国家机关和使用财政资金的其他组织应当优先采购和使用节能、节水、节材等有利于保护环境的产品、设备和设施。

一直以来，我国都遵循着环境污染末端治理的路径，忽视了从源头削减污染的重要性。从源头削减污染，不仅是普通公民的责任，更是全社会的责任，国家机关更应以身作则，绿色消费、绿色采购。

第三十九条【环境质量与公民健康】
国家建立、健全环境与健康监测、调查和风险评估制度；鼓励和组织开展环境质量对公众健康影响的研究，采取措施预防和控制与环境污染有关的疾病。

随着社会经济的发展，污染问题层出不穷，雾霾等公共污染事件的发生大大加深了公众对环境污染的恐慌，本着"以人为本"的精神，新环保法设立专条对环境质量和公众健康做出了规定，与"保障公众健康"的立法目的相衔接。
对此，我国2007年就出台了《国家环境与健康行动计划》，但该项计划的成功实施还需多方面的支持和配合，任重而道远。

信息公开与公众参与

第五十三条 【公众参与】

各级人民政府环境保护主管部门和其他负有环境保护监督管理职责的部门，应当依法公开环境信息、完善公众参与程序，为公民、法人和其他组织参与和监督环境保护提供便利。

公众参与的权利需要得到环境保护行政主管部门等行政机关的保障。依法进行信息公开，保障公众的知情权；完善相关配套程序，为参与权的实现提供便利。这里的相关配套程序，包括公众进行投诉、检举的途径和程序，听证程序等。

第五十四条 【政府环境信息公开】

国务院环境保护主管部门统一发布国家环境质量、重点污染源监测信息及其他重大环境信息。省级以上人民政府环境保护主管部门定期发布环境状况公报。

县级以上人民政府环境保护主管部门和其他负有环境保护监督管理职责的部门，应当依法公开环境质量、环境监测、突发环境事件以及环境行政许可、行政处罚、排污费的征收和使用情况等信息。

县级以上地方人民政府环境保护主管部门和其他负有环境保护监督管理职责的部门，应当将企业事业单位和其他生产经营者的环境违法信息记入社会诚信档案，及时向社会公布违法者名单。

环境保护工作中的信息公开包括相关法律法规政策、技术标准、环境质量信息、环境监测信息、环境保护公报等由环保部门在履行职责的过程中依法制作、获取和保存的信息。

通过网络、报刊等为公众所知晓的方式进行公开，便于每个公民对于相关环境信息的获取，从而有效地监督环保部门的执法情况，倒逼企业进行排污治理。

（二）企业责任

总则

第六条【保护环境的义务】
一切单位和个人都有保护环境的义务。企业事业单位和其他生产经营者应当防止、减少环境污染和生态破坏，对所造成的损害依法承担责任。

企事业单位是主要的排污主体，应当在生产经营中防止、减少污染。该条强调了企业的环保责任并规定了"损害担责"的基本原则，任何企业都应对其造成的污染损害承担责任，即"谁污染谁治理"。

第十一条【行政奖励】
对保护和改善环境有显著成绩的单位和个人，由人民政府给予奖励。

与第六条的规定相呼应，强调企业在环境保护中的责任与企业自身生产经营需要及其私利是相冲突的。
为了落实好第六条的原则性规定，该条制定了奖励政策，有利于调动企业保护环境的积极性，树立榜样的作用，鼓励更多的企业和个人向他们学习，形成环保共治的局面。

监督管理

第二十二条【对减排企业的鼓励和支持】
企业事业单位和其他生产经营者，在污染物排放符合法定要求的基础上，进一步减少污染物排放的，人民政府应当依法采取财政、税收、价格、政府采购等方面的政策和措施予以鼓励和支持。

对于排污企业不能单靠处罚措施要求其承担责任。财政、税收、价格等经济手段的激励，更能调动企业积极性，从源头控制住污染物的排放。

第二十三条【对环境污染整治企业的支持】
企业事业单位和其他生产经营者，为改善环境，依照有关规定转产、搬迁、关闭的，人民政府应当予以支持。

粗放型的经济发展模式已无法适应新时期对环境保护的要求，我国必须要加快转变经济发展模式。对于排污企业为改善环境所作出的转产、搬迁、关闭的行为，政府应当给予支持。
具体包括发放在技术改造方面的资金补助，在土地价格方面给予优惠和补偿等措施。

污染防治和其他公害

第四十条【清洁生产】
企业应当优先使用清洁能源，采用资源利用率高、污染物排放量少的工艺、设备以及废弃物综合利用技术和污染物无害化处理技术，减少污染物的产生。

企业从生产工艺、设备进行改进，进行清洁生产，有利于从源头控制污染的产生，以减少排污对于环境和人体的伤害。

第四十一条【三同时制度】
建设项目中防治污染的设施，应当与主体工程同时设计、同时施工、同时投产使用。防治污染的设施应当符合经批准的环境影响评价文件的要求，不得擅自拆除或者闲置。

建设项目中的防污设施与主体工程建设同时设计、同时施工、同时投产使用，贯彻了"预防为主"的防治原则。
同时设计，是指建设项目要按照环境保护的规范要求进行初步设计；同时施工，是指将防污设施的施工与主体工程一同进行，保证其建设进度；同时投产使用，是指防污设施与主体工程的共同运行，包括正式投产使用前的试运行工作，保证防污设施的有效运作和污染排放的达标。

第四十六条【淘汰制度】
国家对严重污染环境的工艺、设备和产品实行淘汰制度。任何单位和个人不得生产、销售或者转移、使用严重污染环境的工艺、设备和产品。

对严重污染环境的工艺、设备和产品进行淘汰，有助于倒逼排污企业生产转型，从根本上解决污染问题。

第四十七条【突发性环境事件处理】
企业事业单位应当按照国家有关规定制定突发环境事件应急预案，报环境保护主管部门和有关部门备案。在发生或者可能发生突发环境事件时，企业事业单位应当立即采取措施处理，及时通报可能受到危害的单位和居民，并向环境保护主管部门和有关部门报告。

重特大环境事件高发，自2002年原国家环境保护总局成立环境应急与事故调查中心以来，由环境保护部调度和直接参与处置的突发环境事件呈现逐增长的趋势。本条在原法第31条的基础上进行了修改，明确了企业在预防突发环境事件中的责任。

信息公开和公众参与

第五十三条【公众参与】
公民、法人和其他组织依法享有获取环境信息、参与和监督环境保护的权利。

环境保护是全社会共同的工作和任务，人口增长和人们对于资源不合理的开发利用是造成环境污染的主要原因。

公众应当积极参与到环境保护工作中，与行政机关、排污企业共同治理污染，营造环境共治的良好氛围。

而公众参与的主要环节在于依法进行信息公开，保障公众的知情权，完善各种参与程序，为公众参与环境保护工作提供便利。

第五十五条【企业环境信息公开】
重点排污单位应当如实向社会公开其主要污染物的名称、排放方式、排放浓度和总量、超标排放情况，以及防治污染设施的建设和运行情况，接受社会监督。

信息公开不仅是环境保护行政主管机关的职责，也是排污企业自身的责任和义务。

对重点排污企业进行监管，强制其主动公开主要污染物的排放情况，有利于增强该类企业排污行为的透明度和公开性，便于行政对其进行监管，也有利于社会公众对其进行监督。

第五十六条【公众参与建设项目环境影响评价】
对依法应当编制环境影响报告书的建设项目，建设单位应当在编制时向可能受影响的公众说明情况，充分征求意见。
负责审批建设项目环境影响评价文件的部门在收到建设项目环境影响报告书后，除涉及国家秘密和商业秘密的事项外，应当全文公开；发现建设项目未充分征求公众意见的，应当责成建设单位征求公众意见。

结合"三同时"制度，对可能影响周边环境的建设项目在进行设计时，应当引入公众参与，充分征求各方意见。

环境问题不是一个企业一个部门的问题，对于潜在受害者——广大公众来说，参与建设项目环境影响评价，有助于增强评价结果的客观性和公正性，提前避免和减少纠纷的发生。

第五十七条【举报】

公民、法人和其他组织发现任何单位和个人有污染环境和破坏生态行为的，有权向环境保护主管部门或者其他负有环境保护监督管理职责的部门举报。

公民、法人和其他组织发现地方各级人民政府、县级以上人民政府环境保护主管部门和其他负有环境保护监督管理职责的部门不依法履行职责的，有权向其上级机关或者监察机关举报。

我国《宪法》第41条明文规定，"中华人民共和国公民对于任何国家机关和国家工作人员的违法失职行为，有向有关国家机关提出申诉、控告或者检举的权利，但是不得捏造或者歪曲事实进行诬告陷害"。

环境保护工作关系全社会的共同利益，需要引入各方参与。赋予公众举报权，有利于倒逼企业防治污染，监督环境保护行政机关的执法行为。

（三）公民责任

总则

第五条【基本原则】

环境保护坚持保护优先、预防为主、综合治理、公众参与、损害担责的原则。

该条是关于环境保护的基本原则规定。

第六条【环境保护的义务和低碳生活方式】

一切单位和个人都有保护环境的义务。公民应当增强环境保护意识，采取低碳、节俭的生活方式，自觉履行环境保护义务。

第十二条【环境日】

每年6月5日为环境日。

环境保护人人有责，落实到公民身上，就得从小事做起。

改变消费、生活习惯，自觉采取低碳、节俭的生活。

第十一条【对环保行为的奖励】

对保护和改善环境有显著成绩的单位和个人，由人民政府给予奖励。

保护和改善环境虽然是社会公众和单位共同的责任，但该责任的承担和义务的履行往往与其自身的环保意识及思想道德挂钩。

国家应当积极运用外部措施进行鼓励，对于保护和改善环境有突出贡献的单位和个人给予奖励。

保护和改善环境

第三十六条【使用环保产品】

国家鼓励和引导公民、法人和其他组织使用有利于保护环境的产品和再生产品，减少废弃物的产生。

保护环境，低碳生活，具体到消费习惯，就是要求公民个人使用环保产品，从源头控制废弃物的产生。

第三十八条【垃圾分类】

公民应当遵守环境保护法律法规，配合实施环境保护措施，按照规定对生活废弃物进行分类放置，减少日常生活对环境造成的损害。

从污染物的处置角度来看，每个公民都应按照规定进行垃圾分类。垃圾的有效分类，有助于各种垃圾的分类处理，从而减少因垃圾处置不当造成的污染。

第三章 解读"十条"

JIEDU SHITIAO

一、大气污染防治行动计划

（一）制定背景

大气环境保护事关人民群众根本利益，事关经济持续健康发展，事关全面建成小康社会，事关实现中华民族伟大复兴中国梦。当前，我国大气污染形势严峻，以可吸入颗粒物（PM_{10}）、细颗粒物（$PM_{2.5}$）为特征污染物的区域性大气环境问题日益突出，损害人民群众身体健康，影响社会和谐稳定。随着我国工业化、城镇化的深入推进，能源资源消耗持续增加，大气污染防治压力继续加大。为切实改善空气质量，国务院于 2013 年 9 月 10 日发布《大气污染防治行动计划》。

（二）总体要求

以邓小平理论、"三个代表"重要思想、科学发展观为指导，以保障人民群众身体健康为出发点，大力推进生态文明建设，坚持政府调控与市场调节相结合、全面推进与重点突破相配合、区域协作与属地管理相协调、总量减排与质量改善相同步，形成政府统领、企业施治、市场驱动、公众参与的大气污染防治新机制，实施分区域、分阶段治理，推动产业结构优化、科技创新能力增强、经济增长质量提高，实现环境效益、经济效益与社会效益多赢，为建设美丽中国而奋斗。

（三）工作目标和具体指标

2013 年 9 月 13 日 ● 发布

2017 年 ● 全国地级及以上城市可吸入颗粒物浓度比 2012 年下降 10% 以上，优良天数逐年提高；京津冀、长三角、珠三角等区域细颗粒物浓度分别下降 25%、20%、15% 左右，其中北京市细颗粒物年均浓度控制在 60 微克 / 立方米左右。

2018 年 ● 全国空气质量总体改善，重污染天气较大幅度减少；京津冀、长三角、珠三角等区域空气质量明显好转。

五年或更长时间 ● 逐步消除重污染天气，全国空气质量明显改善。

（四）重点措施

1. 加大综合治理力度，减少多污染物排放

● 加强工业企业大气污染综合治理

▶ 全面整治燃煤小锅炉。加快推进集中供热、"煤改气"、"煤改电"工程建设，到 2017 年，除必要保留的以外，地级及以上城市建成区基本淘汰每小时 10 蒸吨及以下的燃煤锅炉，禁止新建每小时 20 蒸吨以下的燃煤锅炉；其他地区原则上不再新建每小时 10 蒸吨以下的燃煤锅炉。

▶ 在供热供气管网不能覆盖的地区，改用电、新能源或洁净煤，推广应用高效节能环保型锅炉。

▶ 在化工、造纸、印染、制革、制药等产业集聚区，通过集中建设热电联产机组逐步淘汰分散燃煤锅炉。

● 强化移动源污染防治

　　▶ 加强城市交通管理

　　▶ 提升燃油品质

　　▶ 加快淘汰黄标车和老旧车辆

　　▶ 加快推进低速汽车升级换代

　　▶ 大力推广新能源汽车

小贴士

什么是移动空气污染源?

　　移动空气污染源是位置随时间变化而变化的污染源。

　　主要是指向空气中排放污染物的交通工具，如排放碳氧化物、氮氧化物、硫氧化物、碳氢化合物、铅化物及黑烟的汽车、飞机、船舶、机车等。

2. 调整优化产业结构，推动产业转型升级

● 严控"两高"行业新增产能

　　修订高耗能、高污染和资源性行业准入条件，明确资源能源节约和污染物排放等指标。有条件的地区要制定符合当地功能定位、严于国家要求的产业准入目录。严格控制"两高"行业新增产能，新、改、扩建项目要实行产能等量或减量置换。

● 加快淘汰落后产能

　　结合产业发展实际和环境质量状况，进一步提高环保、能耗、安全、质量等标准，分区域明确落后产能淘汰任务，倒逼产业转型升级。

2014 年

完成钢铁、水泥、电解铝、平板玻璃等
21 个重点行业的"十二五"落后产能淘
汰任务。

2015 年

再淘汰炼铁 1500 万吨、炼钢 1500 万吨、
水泥（熟料及粉磨能力）1 亿吨、平板玻
璃 2000 万重量箱。

2017 年　　2016 年

各地区要制定范围更宽、标准更高的落后
产能淘汰政策，再淘汰一批落后产能。

● 压缩过剩产能

加大环保、能耗、安全执法处罚力度，建立以节能环保标准促进"两高"行业过剩产能退出的机制。制定财政、土地、金融等扶持政策，支持产能过剩"两高"行业企业退出、转型发展。发挥优强企业对行业发展的主导作用，通过跨地区、跨所有制企业兼并重组，推动过剩产能压缩。严禁核准产能严重过剩行业新增产能项目。

● 坚决停建产能严重过剩行业违规在建项目

认真清理产能严重过剩行业违规在建项目，对未批先建、边批边建、越权核准的违规项目，尚未开工建设的，不准开工；正在建设的，要停止建设。地方人民政府要加强组织领导和监督检查，坚决遏制产能严重过剩行业盲目扩张。

3. 加快调整能源结构，增加清洁能源供应

● 控制煤炭消费总量

● 加快清洁能源替代利用

2015 年

新增天然气干线管输能力 1500 亿立方米以上，覆盖京津冀、长三角、珠三角等区域。

2017 年

煤炭占能源消费总量比重降低到 65% 以下。

运行核电机组装机容量达到 5000 万千瓦，非化石能源消费比重提高到 13%。

基本完成燃煤锅炉、工业窑炉、自备燃煤电站的天然气替代改造任务。

4. 健全法律法规体系，严格依法监督管理

● 完善法律法规标准

加快大气污染防治法修订步伐，重点健全总量控制、排污许可、应急预警、法律责任等方面的制度，研究增加对恶意排污、造成重大污染危害的企业及其相关负责人追究刑事责任的内容，加大对违法行为的处罚力度。建立健全环境公益诉讼制度。研究起草环境税法草案，加快修改环境保护法，尽快出台机动车污染防治条例和排污许可证管理条例。各地区可结合实际，出台地方性大气污染防治法规、规章。

加快制（修）订重点行业排放标准以及汽车燃料消耗量标准、油品标准、供热计量标准等，完善行业污染防治技术政策和清洁生产评价指标体系。

● 提高环境监管能力

建设城市站、背景站、区域站统一布局的国家空气质量监测网络，加强监测数据质量管理，客观反映空气质量状况。加强重点污染源在线监控体系建设，推进环境卫星应用。建设国家、省、市三级机动车排污监管平台。到2015 年，地级及以上城市全部建成细颗粒物监测点和国家直管的监测点。

● 加大环保执法力度

推进联合执法、区域执法、交叉执法等执法机制创新，明确重点，加大力度，严厉打击环境违法行为。对偷排偷放、屡查屡犯的违法企业，要依法停产关

闭。对涉嫌环境犯罪的，要依法追究刑事责任。落实执法责任，对监督缺位、执法不力、徇私枉法等行为，监察机关要依法追究有关部门和人员的责任。

● 实行环境信息公开

国家每月公布空气质量最差的 10 个城市和最好的 10 个城市的名单。各省（区、市）要公布本行政区域内地级及以上城市空气质量排名。地级及以上城市要在当地主要媒体及时发布空气质量监测信息。

各级环保部门和企业要主动公开新建项目环境影响评价、企业污染物排放、治污设施运行情况等环境信息，接受社会监督。涉及群众利益的建设项目，应充分听取公众意见。建立重污染行业企业环境信息强制公开制度。

5. 建立监测预警应急体系，妥善应对重污染天气

● 建立监测预警体系

环保部门要加强与气象部门的合作，建立重污染天气监测预警体系。到 2014 年，京津冀、长三角、珠三角区域要完成区域、省、市级重污染天气监测预警系统建设；其他省（区、市）、副省级市、省会城市于 2015 年底前完成。要做好重污染天气过程的趋势分析，完善会商研判机制，提高监测预警的准确度，及时发布监测预警信息。

6. 明确政府企业和社会的责任，动员全民参与环境保护

环境治理，人人有责。要积极开展多种形式的宣传教育，普及大气污染防治的科学知识。加强大气环境管理专业人才培养。倡导文明、节约、

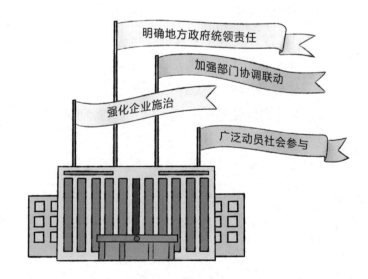

绿色的消费方式和生活习惯，引导公众从自身做起、从点滴做起、从身边的小事做起，在全社会树立起"同呼吸、共奋斗"的行为准则，共同改善空气质量。

专栏

《大气十条》中期评估报告

根据相关要求，中国工程院组织 50 余位相关领域院士和专家，对《大气十条》落实情况进行中期评估。评估内容主要包括空气质量改善情况，各项政策措施对空气质量改善的贡献，总结经验和不足，对下一阶段提出建议等。

空气质量改善情况

评估认为，全国城市细颗粒物（$PM_{2.5}$）、可吸入颗粒物（PM_{10}）浓度呈下降趋势，多数省份 $PM_{2.5}$ 或 PM_{10} 年均浓度下降幅度达到或超过《大气十条》规定的中期目标要求，可望实现 2017 年的考核目标。但环境空气质量面临的形势依然严峻，冬季重污染问题突出，个别省份的 PM_{10} 年均浓度有所上升。

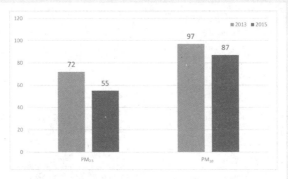

74 个重点城市 $PM_{2.5}$ 平均浓度和全国 PM_{10} 平均浓度下降情况

37

主要措施执行效果

    评估显示，重点行业提标改造、产业结构调整、燃煤锅炉整治和扬尘综合整治4类措施是对$PM_{2.5}$浓度下降贡献最为显著的措施。北京市及周边省份的重污染应急措施能够有效降低$PM_{2.5}$浓度，两次启动红色预警使得重污染期间北京市$PM_{2.5}$日均浓度下降17%～25%。同时，气象条件近两年没有对空气质量的改善起到"助推"作用。

    评估报告建议，加大秋冬季节污染防治工作力度，加大力度释放能源结构调整的污染削减潜力，并构建精准化治霾体系，提升重污染天气应对能力，保障空气质量长效改善。

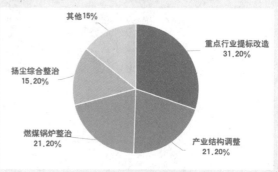

二、水污染防治行动计划

（一）制定背景

水环境保护事关人民群众切身利益，事关全面建成小康社会，事关实现中华民族伟大复兴中国梦。当前，我国一些地区水环境质量差、水生态受损重、环境隐患多等问题十分突出，影响和损害群众健康，不利于经济社会持续发展。为切实加大水污染防治力度，保障国家水安全，制定本行动计划。

（二）总体要求

全面贯彻党的十八大和十八届二中、三中、四中全会精神，大力推进生态文明建设，以改善水环境质量为核心，按照"节水优先、空间均衡、系统治理、两手发力"的原则，贯彻"安全、清洁、健康"方针，强化源头控制，水陆统筹、河海兼顾，对江河湖海实施分流域、分区域、分阶段科学治理，系统推进水污染防治、水生态保护和水资源管理。坚持政府市场协同，注重改革创新；坚持全面依法推进，实行最严格环保制度；坚持落实各方责任，严格考核问责；坚持全民参与，推动节水洁水人人有责，形成"政府统领、企业施治、市场驱动、公众参与"的水污染防治新机制，实现环境效益、经济效益与社会效益多赢，为建设"蓝天常在、青山常在、绿水常在"的美丽中国而奋斗。

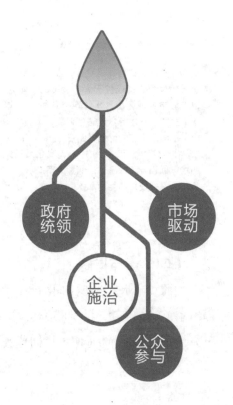

（三）工作目标和具体指标

2030年
力争全国水环境质量总体改善，水生态系统功能初步恢复。到21世纪中叶，生态环境质量全面改善，生态系统实现良性循环。

2020年
水环境质量改善，污染水体减少，饮用水安全提升，严控地下水超采，遏制地下水污染，京津冀、长三角、珠三角水生态状况有所好转。

2015年

2017年

长江、黄河、珠江、松花江、淮河、海河、辽河等七大重点流域水质优良（达到或优于Ⅲ类）比例总体达到70%以上，地级及以上城市建成区黑臭水体均控制在10%以内，地级及以上城市集中式饮用水水源水质达到或优于Ⅲ类比例总体高于93%，全国地下水质量极差的比例控制在15%左右，近岸海域水质优良（一、二类）比例达到70%左右。京津冀区域丧失使用功能（劣于Ⅴ类）的水体断面比例下降15个百分点左右，长三角、珠三角区域力争消除丧失使用功能的水体。

全国七大重点流域水质优良比例总体达到75%以上，城市建成区黑臭水体总体得到消除，城市集中式饮用水水源水质达到或优于Ⅲ类比例总体为95%左右。

（四）重点措施

按照"节水优先、空间均衡、系统治理、两手发力"的原则，《水十条》提出了10条35款，共238项具体措施。除总体要求、工作目标和主要指标外，可分为四大部分。为了便于贯彻落实，每项工作都明确了牵头单位和参与部门。

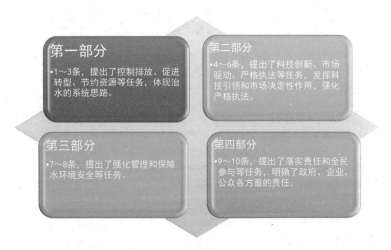

第一部分
•1～3条，提出了控制排放、促进转型、节约资源等任务，体现治水的系统思路。

第二部分
•4～6条，提出了科技创新、市场驱动、严格执法等任务，发挥科技引领和市场决定性作用，强化严格执法。

第三部分
•7～8条，提出了强化管理和保障水环境安全等任务。

第四部分
•9～10条，提出了落实责任和全民参与等任务，明确了政府、企业、公众各方面的责任。

1. 全面控制污染物排放

针对工业、城镇生活、农业农村和船舶港口等污染来源，提出了相应的减排措施。包括依法取缔"十小"企业，专项整治"十大"重点行业，集中治理工业集聚区污染；加快城镇污水处理设施建设改造，推进配套管网建设和污泥无害化处理处置；防治畜禽养殖污染，控制农业面源污染，开展农村环境综合整治；提高船舶污染防治水平。

● 狠抓工业污染防治

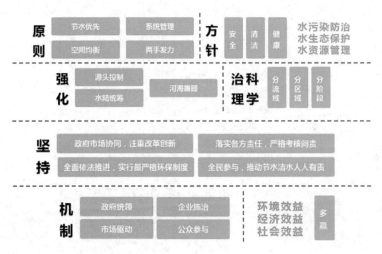

● 强化城镇生活污染治理

2017 年

2020 年

直辖市、省会城市、计划单列市建成区污水基本实现全收集、全处理。

现有污泥处理处置设施应于2017年底前基本完成达标改造。

全国所有县城和重点镇具备污水收集处理能力，县城、城市污水处理率分别达到 85%、95% 左右。

某些地级城市建成区于2020年底前基本实现配套管网建设。

地级及以上城市污泥无害化处理处置率应于 2020 年底前达到 90% 以上。

● 推进农业农村污染防治

防治畜禽
养殖污染

控制农业
面源污染

调整种植业
结构与布局

加快农村环境
综合整治

2016 年

新建、改建、扩建规模化畜禽养殖场（小区）要实施雨污分流、粪便污水资源化利用。

2017 年

依法关闭或搬迁禁养区内的畜禽养殖场（小区）和养殖专业户，京津冀、长三角、珠三角等区域提前一年完成。

测土配方施肥技术推广覆盖率达到 90% 以上，化肥利用率提高到 40% 以上，农作物病虫害统防统治覆盖率达到 40% 以上；京津冀、长三角、珠三角等区域提前一年完成。

2020 年

2018 年

对 3300 万亩灌溉面积实施综合治理，退减水量37 亿立方米以上。

2020 年

新增完成环境综合整治的建制村13 万个。

● 加强船舶港口污染控制

▶ 积极治理船舶污染。依法强制报废超过使用年限的船舶。

▶ 分类分级修订船舶及其设施、设备的相关环保标准。

2. 推动经济结构转型升级

调整产业结构、优化空间布局、推进循环发展，既可以推动经济结构转型升级，也是治理水污染的重要手段。包括：加快淘汰落后产能；结合水质目标，严格环境准入；合理确定产业发展布局、结构和规模；以工业水循环利用、再生水和海水利用等推动循环发展等。

3. 着力节约保护水资源

实施最严格水资源管理制度，严控超采地下水，控制用水总量；提高用水效率，抓好工业、城镇和农业节水；科学保护水资源，加强水量调度，保证重要河流生态流量。

● 控制用水总量

实施最严格水资源管理。健全取用水总量控制指标体系。到 2020 年，全国用水总量控制在 6700 亿立方米以内。

● 提高用水效率

建立万元国内生产总值水耗指标等用水效率评估体系，把节水目标任务完成情况纳入地方政府政绩考核。将再生水、雨水和微咸水等非常规水源纳入水资源统一配置。

到 2020 年，全国万元国内生产总值用水量、万元工业增加值用水量比 2013 年分别下降 35%、30% 以上。

4. 全力保障水生态环境安全

建立从水源到水龙头全过程监管机制，定期公布饮水安全状况，科学防治地下水污染，确保饮用水安全；深化重点流域水污染防治，对江河源头等水质较好的水体保护；重点整治长江口、珠江口、渤海湾、杭州湾等河口海湾污染，严格围填海管理，推进近岸海域环境保护；加大城市黑臭水体治理力度，直辖市、省会城市、计划单列市建成区于2017年底前基本消除黑臭水体。

5. 强化公众参与和社会监督

● 依法公开环境信息

综合考虑水环境质量及达标情况等因素，国家每年公布最差、最好的10个城市名单和各省（区、市）水环境状况。对水环境状况差的城市，经整改后仍达不到要求的，取消其环境保护模范城市、生态文明建设示范区、节水型城市、园林城市、卫生城市等荣誉称号，并向社会公告。

各省（区、市）人民政府要定期公布本行政区域内各地级市（州、盟）水环境质量状况。国家确定的重点排污单位应依法向社会公开其产生的主要污染物名称、排放方式、排放浓度和总量、超标排放情况，以及污染防治设施的建设和运行情况，主动接受监督。

● 加强社会监督

为公众、社会组织提供水污染防治法规培训和咨询。公开曝光环境违法典型案件。健全举报制度，充分发挥"12369"环保举报热线和网络平台作用。限期办理群众举报投诉的环境问题，一经查实，可给予举报人奖励。通过公开听证、网络征集等形式，充分听取公众对重大决策和建设项目的意见。积极推行环境公益诉讼。

● 构建全民行动格局

树立"节水洁水，人人有责"的行为准则。依托全国中小学节水教育、水土保持教育、环境教育等社会实践基地，开展环保社会实践活动。支持民间环保机构、志愿者开展工作。倡导绿色消费新风尚，开展环保社区、学校、家庭等群众性创建活动，推动节约用水，鼓励购买使用节水产品和环境标志产品。

三、土壤污染防治行动

（一）制定背景

土壤是经济社会可持续发展的物质基础，关系人民群众身体健康，关系美丽中国建设，保护好土壤环境是推进生态文明建设和维护国家生态安全的重要内容。当前，我国土壤环境总体状况堪忧，部分地区污染较为严重，已成为全面建成小康社会的突出短板之一。为切实加强土壤污染防治，逐步改善土壤环境质量，制定本行动计划。

（二）总体要求

全面贯彻党的十八大和十八届三中、四中、五中全会精神，按照"五位一体"总体布局和"四个全面"战略布局，牢固树立创新、协调、绿色、开放、共享的新发展理念，认真落实党中央、国务院决策部署，立足我国国情和发展阶段，着眼经济社会发展全局，以改善土壤环境质量为核心，以保障农产品质量和人居环境安全为出发点，坚持预防为主、保护优先、风险管控，突出重点区域、行业和污染物，实施分类别、分用途、分阶段治理，严控新增污染、逐步减少存量，形成政府主导、企业担责、公众参与、社会监督的土壤污染防治体系，促进土壤资源永续利用，为建设"蓝天常在、青山常在、绿水常在"的美丽中国而奋斗。

（三）工作目标和具体指标

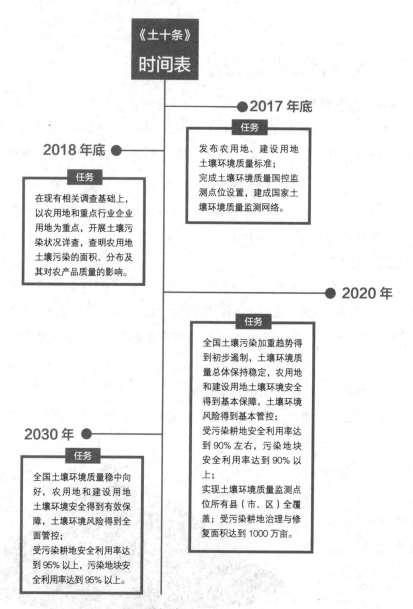

《土十条》

时间表

● 2017 年底

任务

发布农用地、建设用地土壤环境质量标准；
完成土壤环境质量国控监测点位设置，建成国家土壤环境质量监测网络。

2018 年底 ●

任务

在现有相关调查基础上，以农用地和重点行业企业用地为重点，开展土壤污染状况详查，查明农用地土壤污染的面积、分布及其对农产品质量的影响。

● 2020 年

任务

全国土壤污染加重趋势得到初步遏制，土壤环境质量总体保持稳定，农用地和建设用地土壤环境安全得到基本保障，土壤环境风险得到基本管控；
受污染耕地安全利用率达到 90% 左右，污染地块安全利用率达到 90% 以上；
实现土壤环境质量监测点位所有县（市、区）全覆盖；受污染耕地治理与修复面积达到 1000 万亩。

2030 年 ●

任务

全国土壤环境质量稳中向好，农用地和建设用地土壤环境安全得到有效保障，土壤环境风险得到全面管控；
受污染耕地安全利用率达到 95% 以上，污染地块安全利用率达到 95% 以上。

21 世纪中叶

土壤环境质量全面改善，生态系统实现良性循环。

（四）重点措施

《土十条》提出了10条35款，共231项具体措施。除总体要求、工作目标和主要指标外，可分为四个方面。

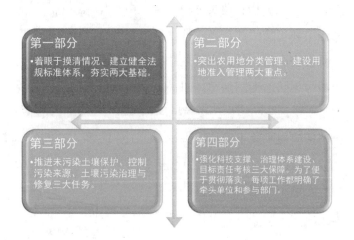

1. 夯实两大基础

● 摸清情况

提高信息化管理水平，建设土壤环境质量监测网络，到2020年实现监测点位所有县（市、区）全覆盖。

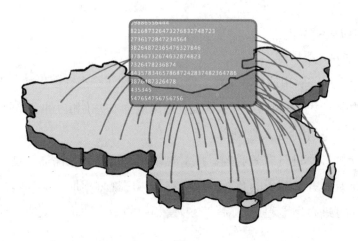

● 建立健全法规标准体系

▶ 制定土壤污染防治法。目前我国尚没有土壤污染防治的专门法律法规，现有土壤污染防治的相关规定主要分散体现在环境污染防治、自然资源保护和农业类法律法规之中，如《环境保护法》《固体废物污染环境防治法》《农业法》《草原法》《土地管理法》《农产品质量安全法》等。由于这些规定缺乏系统性、针对性，亟须制定土壤污染防治专门法律，以满足土壤污染防治工作需要。

▶ 完善土壤污染防治相关技术标准和规范。现行《土壤环境质量标准》已不适应现阶段土壤环境保护实际工作需要，2006 年环境保护部启动标准修订工作，先后组织召开 20 多次专题工作会、研讨会，反复研究、梳理土壤环保标准体系结构、作用定位和主要内容。目前，制修订后的标准已三次向社会公开征求意见，通过环境保护部标准审议专家委员会和部长专题会议审议，进一步修改完善后按程序报批。

2. 突出两大管理

● 农用地分类管理

我国已开展的农用地分等定级工作，虽然体现了分类管理思想，但主要是从农用地的生产力角度进行分类，各类别农用地也未明确相应的环境管理措施。

● 实施建设用地准入管理

为对污染地块进行有效管控，应对建设用地建立调查评估制度，建立污染地块名录及其开发利用的负面清单，符合相应规划用地土壤环境质量要求的地块，方可进入用地程序；对暂不开发利用的污染地块，从明确管理责任主体、封闭污染区域、防止污染扩散等方面，提出管控要求。

3. 推进三大任务

● 未污染土壤保护

土壤环境与农产品安全、人居环境健康密切相关，需要严格保护各类未受污染土壤，树立底线思维，确保土壤环境安全。

● 土壤污染预防工作

▶ 严防矿产资源开发、涉重金属行业、工业废物处理和企业拆除活动污染土壤。

▶ 控制农业污染，加强化肥、农药、农膜、畜禽养殖污染防治和灌溉水水质管理。

▶ 减少生活污染，做好城乡生活垃圾分类和减量，整治非正规垃圾填埋场，建立村庄保洁制度，强化铅酸蓄电池等含重金属废物的安全处置。

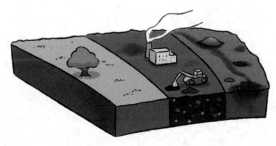

● 污染治理与修复

到 2020 年，受污染耕地治理与修复面积达到 1000 万亩。

4. 强化三大保障

● 科技研发

整合各类科技资源，加强土壤污染防治基础和应用研究。加大适用技术推广力度，加快成果转化应用。推动治理与修复产业发展，放开服务性监测市场，加快完善产业链，形成若干个综合实力雄厚的龙头企业，培育一批充满活力的中小型企业。发挥"互联网＋"作用，推进大众创业、万众创新。

● 构建土壤环境治理体系

土壤环境涉及众多利益相关方，是典型的公共产品，土壤环境保护需要全社会共同参与。为此，《土十条》从明确责任、加强社会监督、开展宣传教育等方面提出了具体措施。

► 明确政府和企业责任。按照"国家统筹、省负总责、市县落实"原则，完善土壤环境管理体制，全面落实土壤污染防治属地责任。

► 建立调查评估制度，厘清不同责任主体。明确责任主体是推进土壤污染防治的重要前提和关键环节。需要建立建设用地土壤环境调查评估制度，明确土地征收、收回、收购以及转让、改变用途等环节土壤污染防治的责任。按照"谁污染，谁治理"原则，造成土壤污染的单位或个人要承担治理与修复的主体责任。

► 推动公众监督、舆论监督与法律监督。各省（区、市）人民政府应定期公布本行政区域各地级市（州、盟）土壤环境状况。重点行业企业依据有关规定，向社会公开其污染排放情况，以及污染防治设施建设和运行情况。实行有奖举报，鼓励公众对污染土壤环境违法行为进行监督。鼓励民间环境保护机构参与土壤污染防治工作。鼓励依法对污染土壤等环境违法行为提起公益诉讼。

► 提高公众保护土壤环境的意识。土壤污染量大面广，需要广泛的群众参与，才能形成合力。要把土壤环境保护宣传教育融入党政机关、学校、工厂、社区、农村等的环境宣传和培训工作，普及土壤污染防治相关知识，加强法律法规政策宣传解读，营造保护土壤环境的良好社会氛围。

● *严格目标考核*

为确保《土十条》提出的目标任务按期实现，需要在明确责任分工基础上，开展目标考核工作。实行目标责任制，国务院与各省（区、市）人民政府签订土壤污染防治目标责任书，分解落实目标任务。分年度对各省（区、市）重点工作进展情况进行评估，评估和考核结果作为对领导班子和领导干部综合考核评价、自然资源资产离任审计的重要依据。

探索前行篇

TANSUO
QIANXINGPIAN

　　大连市，位于东经120度58分至123度31分、北纬38度43分至40度10分，处于中国东北辽东半岛最南端。它东濒黄海，西临渤海，南与山东半岛隔海相望，北依辽阔的东北平原，是中国东部沿海重要的经济、贸易、港口、工业、旅游城市。

　　大连市历史悠久，早在6000年前，我们的祖先就开发了大连地区。1899年始称大连市。1984年，国务院批准大连为沿海开放城市；1985年，大连市被国务院确定为计划单列市，享有省级经济管理权限。

　　大连市位于北半球的暖温带地区，具有海洋性特点的暖温带大陆性季风气候，冬无严寒，夏无酷暑，四季分明。年平均气温10.5摄氏度，年降水量550~950毫米，全年日照总时数为2500~2800小时，自然环境绝佳。

　　为了在发展经济、提高居民物质生活水平的同时，保护我们大连的美好环境，大连市从政府到企业，从环保专业人士到普通市民都做出了不懈努力。这些年大连环境保护取得了显著成效，许多工作走在全省乃至全国前列。大连是第一批国家环境保护模范城市。2016年6月14日，中科院对外发布《中国宜居城市研究报告》显示，大连宜居指数在全国40个城市中排名第四。

　　"十三五"期间，大连市政府将以对城市负责、对生活在这个城市中的人民负责的精神，突出重点、统筹推进，推动城市生态环境质量持续好转，继续创造先进经验，为全省生态文明建设作表率。

良好的生态环境是大连最亮丽的名片。碧海蓝天、珍珠般的岛屿以及滨海大道的风光、东港区休闲步道的美景，四月的樱花、五月的槐花，都令人流连忘返，使这座城市充满了魅力。要以对城市负责、对生活在这个城市中的人民负责的精神，突出重点、统筹推进，推动大连市生态环境质量持续好转。

全球宜居城市
2015 全球宜居城市，大连排名第 85 位

最干净城市
2015 中国最干净城市排行出炉，大连位列第五

最佳表现城市
2015 年中国最佳表现城市，大连位列第四

中国宜居城市
2016 年 6 月 14 日，中科院对外发布《中国宜居城市研究报告》显示，大连位居第四

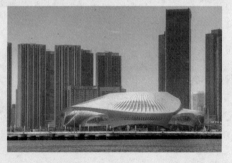

第一章 十年磨一剑
——大连市环境保护工作会议
SHINIAN MOYIJIAN

2016 年是"十三五"规划的开局之年，在"十三五"时期如何开创大连市环境保护工作的新局面？为此，大连市委、市政府在 2016 年 5 月 24 日专门召开了大连市环境保护工作会议，总结了大连市"十二五"期间环境保护取得的成绩和存在的问题，明确了大连市"十三五"时期环境保护的主要任务和措施。这是大连市 10 年来首次召开的全市性环境保护工作会议。这次会议具有承前启后、提纲挈领的重要意义，为今后 5 年的环境保护工作确定了目标与道路。会上，各区市县、开放先导区同志向市委、市政府递交了 2016 年度大连市环境保护目标责任书。

一、党政"一把手"共签"环保目标责任书"

为了将会议精神落到实处，会上，辽宁省委常委、大连市委书记唐军，大连市长肖盛峰与 13 个先导区党工委、管委会，区市县党委、政府共同签订了"2016 年度大连市环境保护目标责任书"，党政"一把手"共同立下环保"军令状"，全面落实"党政同责、一岗双责"和属地生态环保责任，确保完成年度环保任务。

军令状

生态环境质量只能更好，不能变坏

　　签订党政领导生态环境保护目标责任书，是大连市环境保护工作的又一重大举措，要将这份沉甸甸责任，以铁的意志和行动真正扛起来。对完不成目标的，要严格问责。各级党委、政府要把绿色发展作为化解当前环境与发展矛盾的根本路径，时刻守住"环境质量只能更好，不能变坏"的底线，加快补齐环境短板，实现大连全面振兴。

责任书要求

　　各地区要严守环境质量底线，生态环境质量"只能变好、不能变坏"，到 2016 年年底，生态空间布局进一步优化；资源能源消耗强度进一步降低；主要污染物排放总量进一步削减；环境空气质量得到改善；河流水质优良比例稳步提高，入海河流逐步消除劣于 V 类的水体；近岸海域水质保持不下降。

七大重点任务

　　责任书将环保工作纳入党委、政府年度工作要点，并且将环保目标完成情况作为考核领导干部的重要内容之一。这七大任务具体包括：

　　● 要严格落实环境保护"党政同责、一岗双责"，将环保工作纳入党委、政府年度工作要点，且环保目标完成情况作为考核领导干部的重要内容之一；

　　● 深入实施大气、水以及即将颁布的土壤污染防治行动计划，全面提升环境质量；

　　● 采取有效措施，确保总量削减目标和重点减排任务按期完成；

　　● 加大资源利用效率，严格落实节能措施，确保资源能源节约集约利用；

　　● 加强城市管理，控制扬尘污染，减轻扬尘对环境空气质量的影响；

　　● 加强农村环境综合整治，拓展秸秆综合利用途径，加大畜禽废弃物的综合利用；

　　● 严禁非法劈山毁林、填海造地，开展"三区两线"范围内废弃矿山的环境综合整治，减少山体裸露现象。

配套出台 "考核细则"

　　为确保各项任务按期完成，责任书还明确要加强监督考核。为此，大连市还配套出台了《大连市环境保护目标（2016 年度）责任书考核细则》，考核内容涉及党政同责、环境质量、节能减排、生态维护、宜居环境五大项 29 小项内容，明确了每一项考核内容的考核对象、考核目标、考核标准及分值，确保完成责任书各项任务。

二、助力绿色发展——出台《大连市环境保护工作职责规定（试行）》

为进一步强化环保工作，切实落实"党政同责，一岗双责"，全面改善生态环境质量，推进绿色发展，2016 年 6 月 6 日，中共大连市委办公厅、大连市人民政府办公厅印发了《大连市环境保护工作职责规定（试行）》（以下简称《规定》）。

（一）职责涉及哪些部门

《规定》指出，大连市环境保护监督管理实行"属地管理、各负其责"和"谁决策、谁负责""谁审批、谁负责""谁监管、谁负责"的"1 + 3"原则。

对于环境保护职责都涉及哪些部门，《规定》也进行了明确。《规定》共分七章 23 条，从总则、党委环境保护工作职责、政府环境保护工作职责、市级以上党委部门环境保护工作职责、市级以上政府部门环境保护工作职责、责任落实保障措施、附则 7 个方面进行了规定。

《规定》明确了大连市各级党委和政府的环境保护工作职责，还明确了组织、宣传和机构编制 3 个大连市委工作部门，环保、发改等 39 个大连市政府工作部门，海关、气象、银监、供电等 8 个中、省直部门的环境保护工作职责。同时，政府序列责任从市政府一级延伸细化到了乡政府。

（二）有哪些保障措施

为确保全市各地区各部门坚持"党政同责、一岗双责"，严格落实环境保护工作责任制，提高大连市环保工作水平，《规定》提出三大保障措施。

1. 提出签订环境保护目标管理责任状

《规定》指出，各级党委、政府每年要将环境保护目标任务及责任分解落实到同级党委、政府的有关部门和下一级党委、政府，并签订环境保护目标管理责任状。

2. 提出大连市县级以上人民政府成立环境保护委员会

《规定》明确，环境保护委员会负责研究部署、指导协调和督促检查本地区的环境保护工作；提出环境保护工作的重大方针政策；分析环境保护形势，研究解决环境保护工作中的重大问题；督促检查下一级人民政府和本级人民政府有关部门落实环境保护工作情况，并进行通报。

3. 提出加强环境行政执法与司法的衔接协调

《规定》指出，环境保护部门和公安部门应当完善案件移送、联合调查、信息共享等机制。发生重大环境污染事件等紧急情况时，要迅速启动联合调查程序。检察院应当建立健全环境执法法律监督机制。法院应当及时受理和依法审理环境保护行政、刑事、民事案件及非诉执行案件。

《规定》明确，各级人民政府及其工作部门和工作人员违反环境保护法律法规及未履行本规定职责的，依据《环境保护法》和《党政领导干部生态环境损害责任追究办法（试行）》《环境保护违法违纪行为处分暂行规定》等相关法律法规进行查处。涉嫌犯罪的，移送司法机关处理。

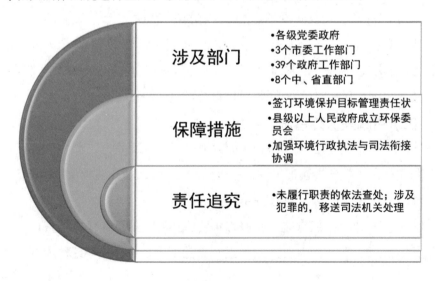

涉及部门
- 各级党委政府
- 3个市委工作部门
- 39个政府工作部门
- 8个中、省直部门

保障措施
- 签订环境保护目标管理责任状
- 县级以上人民政府成立环保委员会
- 加强环境行政执法与司法衔接协调

责任追究
- 未履行职责的依法查处；涉及犯罪的，移送司法机关处理

（三）有哪些特点

1. 覆盖全

《规定》在明确部门职责时，既涉及市级党委部门、政府部门，同时也涵盖中、省直部门，共有 50 余个部门，几乎做到了部门全覆盖。《规定》在划分领导责任时，上至市委书记、市长，下到处长、科长，几乎做到了领导责任全覆盖。

2. 职责清

《规定》共有职责 200 余款，党委职责包括加强组织领导，定期听取汇报，加强环境保护部门领导班子和队伍建设等；政府的职责包括贯彻执行环境法律法规和标准，加大财政投入等。《规定》一方面全方位地分解细化了当前环境保护主要工作和任务，另一方面从不同层次、不同角度将各级主体环保职责明晰化、具体化。

3. 可操作性强

《规定》具有较强的系统性和可操作性，对党委及政府环保责任的明确，尤其是明确党委、政府对本地区的环境保护工作负总责，主要负责人为第一责任人，有利于加强领导和统筹协调，促进环保工作的全面部署和具体落实。对职能部门环保职责的细化，保障措施的制定，确保了各项职责措施的有效落实，增强了《规定》的可操作性。

三、绘就大连首张绿色发展路线图

党的十八大以来，大连市按照"五位一体"总体布局和"四个全面"战略布局要求，在推进老工业基地全面振兴中，不断加强生态文明建设，环境保护和生态建设取得明显成效。但影响大连市生态环境持续改善的深层次问题仍未从根本上解决，环境质量与广大市民的期望尚有较大差距。为加快绿色发展，提升环境品质，增进民生福祉，中共大连市委、大连市人民政府提出《关于加快绿色发展提升环境品质的意见》（以下简称《意见》）。

这是大连市落实绿色发展理念，重塑城市环境优势，促进经济转型升级和全面振兴的一部重要的纲领性文件。《意见》把绿色发展融入生产、生活和经济、社会发展的各个方面，为大连加快补齐生态环境短板，推进绿色发展，提升城市环境质量，增进人民福祉描绘出了详细的路线图。

根据《意见》，到 2020 年，大连市将基本形成生态空间山清水秀、人居环境宜居舒适、建设方式集约高效、生活方式绿色低碳的发展格局，努力建成山体青葱、水体清澈、空气清新的美好家园。

《意见》提出 4 条线路齐头并进，推进绿色发展。

构建绿色布局	•通过实施主体功能区战略，优化生态安全格局，严守生态保护红线，保护自然岸线资源，维护山体自然风貌等措施，强化空间管控，构建绿色布局
打造绿色城市	•重点推广绿色建筑，建设绿色交通体系，优化城乡绿网布局，推进海绵城市建设和美丽乡村建设
推进绿色生产	•通过构建绿色产业体系，实施污染企业绿色改造，严格工业园区环境管理，打造循环经济产业链，优化发展方式，推进绿色生产
实现绿色生活	•加大大气、水和土壤污染防治，化解环境安全风险，倡导绿色生活方式和消费方式，进而改善宜居环境，推进生活方式和消费方式绿色化

四、走过"十二五"

"十二五"时期是大连生态环境保护发展进程中不平凡的 5 年。大连市认真贯彻落实生态文明建设和环境保护的有关要求，生态环境建设取得积极进展，有力支撑了经济的可持续发展。

5 年中，大连市不断加大产业结构调整力度，全市服务业占三次产业比重从 2011 年的 41.5% 增至 2015 年的 50.8%。强力推荐节能降耗，万元 GDP 能耗累计下降 18%，万家企业累计节能 196.8 万吨标煤。大力发展循环经济，积极探索完善推进生态文明建设的体制机制。

5 年来，大连市生态建设取得显著成就。全市共造林补植 126 万亩。完成 22 个废弃矿山治理。新建 2 个国家级海洋公园和 1 个国家级海洋生态文明建设示范区。累计争取中央财政资金 5.1 亿元，对老虎湾、普兰店湾等海岸、海岛生态整治修复。

大连城山头海滨地貌国家级自然保护区

5 年来，大连市治污减排扎实推进。建立大气污染联防联控机制，市区 $PM_{2.5}$ 和臭氧监测正式启动。积极开展燃煤锅炉拆炉并网，市内四区共拆除锅炉房 254 座、锅炉 334 台，实现集中供热面积 1595 万平方米。新型垃圾除运体系建成运行，市区城市生活垃圾无害化处理率达到 100%，资源化利用率升至 56%。全市建成城市污水处理厂 29 座，污水处理能力达到 130 万立方米／日，大连市区城市生活污水集中处理率达到 95%。

专栏

大连"十二五"环境保护成就
环境质量状况

编制环境总体规划

在全国率先编制环境总规即《大连市环境总体规划》，并作为第一批试点城市，于 2012 年对环境总规进行修编。

政策法规建设

● 修订并出台《大连市环境保护条例》《大连市饮用水水源保护区污染防治办法》《大连市机动车排气污染防治条例》等。

● 同时完成了《大连市污水处理厂运行管理办法》《大连市排污许可证暂行办法》《大连市大气污染防治行动计划实施方案》等规范性文件的制定。

● 建立环境空气重污染日应对工作机制，出台《重污染日应急环境监测工作方案》。

● 启动环境污染责任险试点，联合大连保监会印发《关于开展环境污染强制责任保险试点工作的实施意见》和《大连市开展环境污染强制责任保险试点工作方案》等。

污染监测信息化

● "大连市污染源在线监测信息系统"，实现全市重点污染源实时在线监控。

● 推出"大连市环境空气质量移动发布（查询）平台"智能手机软件。

五、迎接"十三五"

（一）"十三五"期间大连市环境保护主要规划指标

● 城市空气质量优良天数比例达到 80% 以上；

● 县级以上集中式饮用水水源地水质优良比例达到 100%；

● 全市河流水质优良比例达到 85% 以上；

● 近岸海域环境功能区水质达标率 100%；

● 森林覆盖率稳定在 41.5%；

● 城市绿化覆盖率达到 44.9%；

● 人均公共绿地面积达到 11.3 平方米。

（二）"十三五"时期大连市环境保护的主要任务和措施

1. 加强环境污染综合治理，下大力气改善环境质量

● 贯彻落实《大气污染防治法》，深入实施"蓝天工程"，持续推进产业结构和能源结构调整。

● 抓好落实"水十条"，继续加强饮用水水源地保护，积极预防和修复地下水污染。

● 加强重点流域、水源地和海域的污染防治。

● 着力控制土壤污染源，强化重点区域土壤污染治理，实施工矿废弃地综合整治和复垦利用，调整严重污染耕地用途。

● 加强农业面源污染防治，全力推进农村环境连片整治，做好农产品产地土壤重金属污染防治。

● 推进工业集聚区污染综合治理，加大城镇环保基础设施建设力度。

2. 坚持陆域和海域并重，加强生态环境保护力度

● 大力开展植树造林，增加城市绿化体量。

● 加大对水土流失严重地区的综合治理。

● 加强自然保护区、饮用水水源地等环境敏感区的保护。

● 加强海洋生态环境与资源保护，实施生态修复工程。

● 保护黄海、渤海生态型岸线，建立海陆一体的生态保护体系。

3. 强化环境法治保障，构建绿色发展的内生机制

● 全面实施生态保护红线管理制度、生态补偿制度。

● 深化简政放权和行政审批制度改革。

● 逐步建立村镇污水垃圾处理设施运营的长效机制。

● 严格执行污染物排放标准和环境影响评价制度。

● 建立多元化环保投融资机制，大力促进环保产业发展。

● 构建具有大连地域特色的生态文化体系。

4. 以生态环境安全为底线，加大环境风险防控力度

● 构建全过程、多层级环境风险防范体系；

● 建立健全辐射监管体系；

● 加强危险废物环境管理，继续推进重金属污染防治；

● 加强生态风险预警监控，严格外来物种引入管理。

5. 构建多元共治的环境治理体系，大力倡导绿色生产生活方式

● 加快节能减排先进技术的研发和推广；

● 完善产学研相结合的生态环保技术创新体系；

● 加快发展环保产业，形成我市国民经济新的增长点；

● 发挥宣教先导、舆论先行作用，引导公众向绿色健康的生活方式转变。

第二章 全力实施蓝天工程，让天更蓝

QUANLI SHISHI LANTIAN GONGCHENG
RANGTIAN GENGLAN

"十二五"期间，大连市把保护和建设好生态环境，作为建设生态宜居城市的根本，改善民生的载体，坚持在保护中建设，在建设中保护的原则，保护和建设好大连的山山水水，努力实现人与自然的和谐。

为让市民呼吸清新的空气，享受优美的环境，切实履行政府职责，2013年6月，大连市正式启动"蓝天工程"，并印发了《大连市蓝天工程实施方案》。该方案推出十大项改善环境的措施及四大类共259项"蓝天工程"项目。

2014年12月，为贯彻落实国务院、辽宁省政府关于大气污染防治工作部署，进一步加大大气污染防治力度，改善空气质量，保障人民群众身体健康，大连市政府又制定实施了《大连市大气污染防治行动计划实施方案》。

2015年12月，大连市针对空气质量达标率较差的情况，开展了颗粒物源解析，并结合源解析结果，出台了《大连市人民政府关于实施蓝天工程的意见》。部署开展了以"四控一调"即"控煤、控车、控工业源、控尘、调结构"五大治理为重点的大气污染防治举措。

一、大连市大气环境存在的问题

 空气质量达标率差强人意
目前环境空气质量与大连市城市定位及市民期盼仍有差距

 冬季污染问题相对突出

 臭氧污染问题异军突起

 挥发性有机物管控有待加强
受标准、法规、监测、监管能力等多方面制约，全市挥发性有机物管控工作仍无法满足环境管理要求

 船舶等非道路源污染未取得突破
受国家标准缺失、船舶电力接口标准不统一、港口收费等政策不清晰等制约，船舶岸电推广进度不容乐观。船舶使用低硫油等清洁能源受国家统一要求约束，难以突破

 区域污染仍呈增长态势
受大范围雾霾影响，近年来大连市重污染天数明显增多，强度明显增大，可以说外来污染源对我市环境空气质量的影响进一步加剧

 环境监管能力不能满足环境管理要求
由于环境管理中现代化、信息化等先进管理手段缺乏，加上环保执法中取证难等客观原因，使得大量的中小企业存在与环保监管部门"躲猫猫"的情况

二、大连市大气环境改善对策及进展

（一）深入实施大气污染防治行动计划及蓝天工程

　　针对空气质量达标率较差的情况，大连市开展了颗粒物源解析，并结合源解析结果，出台了大气行动计划及蓝天工程实施意见，部署开展了以"四控一调"，即"控煤、控车、控工业源、控尘、调结构"五大治理为重点的大气污染防治举措。

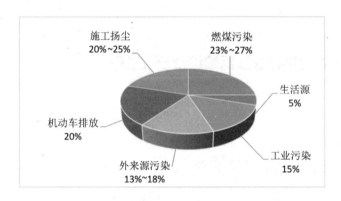

大连市颗粒物源强分析

1.严控煤炭总量，控制燃煤污染

　　通过提升清洁能源使用比例，优化大连市能源结构；通过禁燃区建设，督促实施燃煤设施清洁化改造；开展建筑节能、农村节能、工业节能等措施，控制燃煤污染。

2.调整产业结构，优化区域布局

　　全面优化大连市产业布局。强化规划环评，将其作为项目发展的前提条件。严格项目环保约束，严把项目审批关。加快落后产能淘汰工作，进一步优化大连市产业结构。

3. 强化管理，控制扬尘及其他面源污染

通过扬尘控制区建设，督促相关委办局加强施工、道路、物料堆场等扬尘控制。严控无组织焚烧、强化餐饮废气治理等面源污染。

4. 统筹兼顾，控制机动车污染

以机动车污染防治地方法规为依据，按照"车好、路好、油好"的"三好"原则，统筹兼顾，控制机动车污染。

5. 综合施治，控制工业污染

以电力、钢铁、石化、水泥、锅炉为重点开展脱硫脱硝除尘升级改造工作；以石化、装备制造、家具制造、油品流通领域为重点整治挥发性有机物。

（二）强力推行燃煤锅炉综合整改工作

燃煤锅炉综合整改工作主要针对冬季污染相对严重问题。整改工作目标为：禁燃区内 10 吨及以下锅炉全部拆除，共涉及 1507 台。其余需要保留的锅炉全部实施升级改造，共涉及 1494 台。

1. 依法行政，出台禁燃区公告

2015 年 9 月，大连市政府出台高污染燃料禁燃区通告，并向社会发布（市内五区实现区域全覆盖）。

2016 年 3 月底前，全市所有区市县政府均出台高污染燃料禁燃区通告，并向社会发布。

2. 背水一战，向社会发布锅炉清单

● 2016 年 1 月，大连市向社会发布大连市市区燃煤锅炉整治公告及整治名单（市区 843 台燃煤锅炉）。

● 2016 年 3 月底前，大连市环保局已督促其他区市县政府向社会发布本辖区内燃煤锅炉整治公告及整治名单。名单公布后，受到社会高度重视，接

到大量的举报电话，有效地调动了全社会参与并监督燃煤锅炉整治工作的积极性。

3. 多措并举，督促全社会参与实施燃煤锅炉综合整治

● 逐一下达燃煤锅炉整改通知书。

● 会同市建委、市经信委逐一落实整改方案（供暖季结束前已基本完成"一炉一案"，即是并网，还是改能源）。

● 发动全市检测力量，冬供期间对全市燃煤锅炉实施全面监测。

● 对超标燃煤锅炉实施处罚，第二轮超标的实施按日计罚。供暖季共罚款约 1700 万元。

● 将超标燃煤锅炉信息向社会公布。

● 会同双拥办、军分区等部门开展部队燃煤锅炉整治工作。

● 多次召开现场技术交流会和技术对接会，为企业提供多途径技术支持。

4. 粮草先行，制定燃煤锅炉综合整治激励政策

● 2015 年 11 月，大连市环保局向大连市政府积极汇报燃煤锅炉综合整治资金需求。大连市政府常务会原则通过，2016 年投入 7 亿多元市财力资金用于燃煤锅炉综合整治工作。

● 2016 年，大连市环保局会同大连市建委、市经信委、市发改委、市财政局联合印发了《大连市市区燃煤锅炉整治资金补助办法》，明确补助范围、补助方式、补助额度、补助程序及需提交材料等事项。

5. 强化督办，督促各项措施贯彻落实

● 将燃煤锅炉拆除情况纳入大连市政府 2016 年 18 件为民办实事范畴，强力督办，按月通报。

● 由大连市委督查室、大连市政府督查室和市环保局组成党政联合督查组，对各区市县政府及各委办局蓝天工程贯彻落实情况实施联合定期督查，燃煤锅炉拆除情况作为督查的重中之重。

● 蓝天工程领导小组办公室定期印发燃煤锅炉综合整治等工作专报，报大连市政府主要领导。

（三）严控挥发性有机物，探索臭氧控制举措

主要针对臭氧浓度增幅较大及挥发性有机物排放总量居高不下的问题。工作目标：遏制臭氧浓度高速增长态势，减少臭氧污染天数。

1. 加快臭氧管控有关课题研究

大连市监测中心正联合中国环科院加大开展《大连市臭氧成因分析及防治对策研究》课题研究，力争尽快拿出初步结论，更好地指导大连市臭氧污染防治工作。同时，大连市将择机深入研究区域 $PM_{2.5}$ 与 O_3 非线性协同控制、VOCs 与 NO_x 协同控制、跨区域及城郊协同控制、各重点企业关键挥发性有机物污染因子识别、监测及控制体系、各重点区域源强来源分析等课题，从而更好地服务大连市臭氧防控工作。

2. 抓紧完善挥发性有机物环境监测能力

全市所有国控及市控环境空气监测子站将新增挥发性有机物监测能力，并逐步在大连石化、恒力石化等大型石化企业夏季主要下风向设立多个挥发性有机物监控点。

3. 做好挥发性有机物及氮氧化物源头控制工作

按照国家部署，尽快将挥发性有机物纳入总量控制范畴，实施源头控制。尽快建立挥发性有机物减排项目库，督促各区域尽快完成整治项目，并将其作为新建项目审批的前置条件。

4. 抓紧实施挥发性有机物排放地方标准

由于大连市缺乏标准制定权限，拟采取市政府发布公告的方式，执行其他城市已生效的挥发性有机物排放标准。

5. 抓紧督促企业落实挥发性有机物及氮氧化物整治项目

贯彻落实好《大连市重点行业工业挥发性有机物综合整治方案（2015—2017 年）》的各项措施，在已开展油品存储及流通领域及石化行业挥发性整治工作的基础上，进一步做好石化行业漏点检测与修复技术推广，做好船舶、装备制造、化工、印刷等行业的挥发性整治工作。继续督促氮氧化物各项管控措施落实。重点做好化工企业各加热炉、各工业窑炉、燃煤锅炉等行业及非道路源氮氧化物管控工作。

6. 进一步完善环境监管能力

● 进一步强化挥发性有机物监测和监察工作。

● 进一步提升环境监管能力，将挥发性有机物和氮氧化物排放大户全部纳入污染治理设施全过程监控范畴，实现挥发性有机物和氮氧化物污染治理装置运行的全方位、全过程和全时段监管。

（四）加快岸电等船舶污染控制工作

该措施主要针对船舶等非道路源管控工作。工作目标为：船舶污染得到有效控制，非道路移动源源管控实现"零突破"。

1. 大力推广使用岸电

目前，大连市在万吨级以下泊位及修造船泊位推广低压（同电制）岸电工作，岸电使用比例接近 50%。大连市正在建设高压变频岸电试点项目，一旦项目成熟，将向全市所有港口泊位推广。

2. 船舶油品控制

严格执行交通部印发的《船舶与港口污染防治专项行动实施方案（2015—2020 年）》，探讨研究提前实施可行性。

3. 完善非道路移动源申报

对重点区域及重点行业非道路移动源实施排污申报，摸清底数。尝试划定非道路源禁用区。

（五）提升区域环境监控及预判能力，做好区域联防联控

● 继续做好区域污染联防联控工作。按照全省重污染日应急响应的有关要求，及时启动区域雾霾应急响应各项措施，尽可能降低区域雾霾影响。

● 进一步构建城市站、背景站、区域站统一布局的环境空气质量监测网络，便于更为科学的分析我市区域雾霾来源及权重。

● 进一步完善大连市环境空气质量预警预报系统，科学研判大连市环境空气质量变化趋势，并为环境管理提供更为精准化的应对对策。

（六）强化大气环境监管能力

以"互联网＋环境监管"为指导，以大气污染源全过程监控为重点，深入贯彻实施"智能环保"项目，不断提高环境监管的信息化、系统化管理能力及水平。

● 大型排污口推行在线监测。

● 其他所有污染源推进全过程监控。

（七）完善大气环境管理制度

建立并完善蓝天工程工作领导小组平台，以党政督查、通报、考核等措施，调度并督促各部门、各区市县政府履行各自大气管理职责。

1. 建立蓝天工程工作领导小组平台

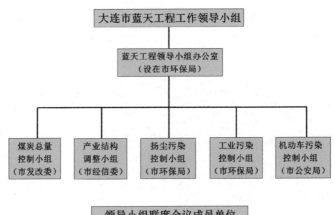

2. 党政联合督查

大连市委督查室、大连市政府督查室和大连市环保局组成党政联合督查组，对各委办局、各区市县政府蓝天工程工作执行情况进行督查。2016 年，大连市已完成 4 轮党政联合督查。

3. 定期通报

● 每星期将环境空气质量情况报大连市委、大连市政府。

● 每月在媒体上通报各区域环境空气质量情况。

● 每两个月形成蓝天工程工作专报，报大连市政府主要领导、各蓝天工程领导小组成员单位。

4. 年度考核

每年以大连市政府名义印发对各区市县蓝天工程任务完成情况的考核结果；同时将各部门承担的蓝天工程任务进展情况进行通报，考核结果向社会发布。

专栏

燃煤锅炉综合整治工作成效显著

为改善大连市环境空气质量，依据国务院《大气污染防治行动计划》和辽宁省省委、省政府《关于加强大气污染治理工作的实施意见》等要求，2016年大连市开展了全市燃煤锅炉综合整治工作。依据国务院《大气污染防治行动计划》和辽宁省委、省政府《关于加强大气污染治理工作的实施意见》等要求，大连市应完成建成区10吨及以下燃煤锅炉拆除工作，按省考核要求，2016年大连市应完成中心城区115台燃煤小锅炉拆除工作。

"五位一体"的科学整治措施

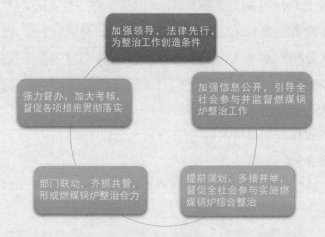

整治工作取得圆满成绩

在大连市委、市政府的大力支持下，大连市顺势而为，主动加压，出台了《关于实施蓝天工程的意见》及禁燃区公告等文件，部署开展了以燃煤小锅炉取缔、燃煤锅炉升级改造、安装在线监测及煤场封闭为重点的全市燃煤锅炉综合整治工作。

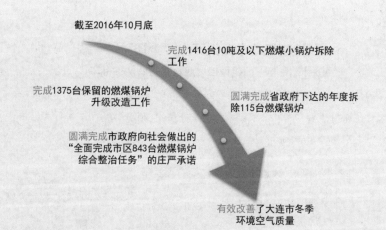

今后，大连市环保局将继续会同市建委、市经信委、市发改委、市工商局等部门联合开展供热规划优化、新能源推广、煤质控制、燃料质量监管、污染治理设施运行监管等工作，并按照大气污染防治法等法律法规严格执法，力争实现大连市燃煤锅炉综合整治工作环境效益最大化，确保大连市冬季环境质量明显改善。

专栏

控制机动车污染频出"大招"
"经济补贴"与"严格管控"双轨并行淘汰黄标车

引导黄标车提前淘汰迫在眉睫，是大连市 2016 年 18 项重点民生工程之一。为此，大连市政府出台的《大连市淘汰黄标车补贴管理暂行办法》，实行"经济补贴"与"严格管控"双轨并行，确保 2016 年底前必须全部淘汰现有 40705 辆黄标车。

大连市大力推广新能源汽车

2014 年 8 月 1 日，大连市政府出台《大连市人民政府办公厅关于进一步推动新能源汽车应用的意见》，鼓励节能汽车与新能源汽车的推广应用。

自 2016 年起，大连市新增的公共用车全部采用电动车或天然气车。

市民购买新能源汽车除获得中央财政补贴外，还可以一次性获得大连市财政按与中央财政 0.8∶1 的比例给予的配套补贴。

大连市车用成品油升级实施方案

油品的质量直接影响汽车排放水平，2015 年 12 月 3 日，大连市服务业委等五部门联合下发《关于印发大连市车用成品油升级实施方案的通知》，要求，从 2016 年 1 月 1 日起，在全市范围内全面供应国五标准车用汽、柴油。

三、优化分区推进蓝天工程——《大连市生态环境保护"十三五"规划》提出

（一）调整能源消费结构

● 逐步推进高污染燃料禁燃区建设。

● 严格控制煤炭消费总量。

● 加强煤品品质控制。

● 扩大清洁能源使用规模。

● 淘汰落后产能。

（二）控制工业废气污染

● 深化推进烟气脱硫治理工作。

● 继续开展烟气脱硝改造工作。

● 加快实施除尘升级改造工作。

（三）推进集中供热

● 原则上中心城区不再新建燃煤锅炉，以热电厂供热为主。

● 区市县推行一县一大型集中式热源政策，建设和完善统一的热网工程，逐步淘汰热网覆盖范围内分散的小锅炉。

● 工业园区等原则上只能规划建设一个区域高效热源或依托大型热电联产企业集中供热。

● 鼓励现有多台燃煤机组按照煤炭等量替代原则，改建为高参数、大容量燃煤机组。

● 到 2020 年，中心城区集中供热率达到 98%。

（四）控制扬尘污染

● 根据市区扬尘产生类型和污染程度，将市内四区划分为城市扬尘监控区、工矿扬尘防治区和堆场扬尘防控区。

● 强化施工工地扬尘防治。

● 控制道路扬尘污染。

● 强化物料堆场的环境综合整治。

（五）控制机动车船等污染

● 加强城市交通管理。

● 加强在用车辆环保管理。

● 全面推进黄标车淘汰。

● 加快油品升级改造。

● 大力推广应用节能汽车与新能源汽车。

● 开展非道路移动源污染防治。

（六）推进挥发性有机物污染治理

● 积极开展石油化工行业挥发性有机物综合治理工作。

● 加强表面涂装工艺挥发性有机物排放控制。

● 推进溶剂使用工艺挥发性有机物治理。

蓝天工程成效显著

2016 年，大连市收获了 299 个蓝天，空气质量达标率为 81.7%，与 2015 年相比提高 7.7 百分点。

PM$_{2.5}$ 年均浓度为 39 微克／立方米、PM$_{10}$ 年均浓度为 67 微克／立方米、二氧化氮（NO$_2$）年均浓度为 30 微克／立方米、二氧化硫（SO$_2$）年均浓度 26 微克／立方米、臭氧（O$_3$）年均浓度为 155 微克／立方米。与 2015 年相比，O$_3$、NO$_2$、SO$_2$、PM$_{10}$ 和 PM$_{2.5}$ 年均浓度分别下降 4%、9%、13%、17%、19%。全年空气达标天数累计 299 天，占全年天数的 81.7%，其中优天数为 63 天，良天数为 236 天，污染日 67 天，达标天数比 2015 年提高 7.7 个百分点。

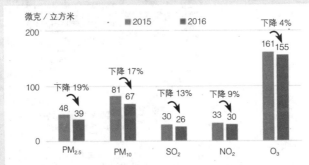

大连城市各项污染物年均浓度比较

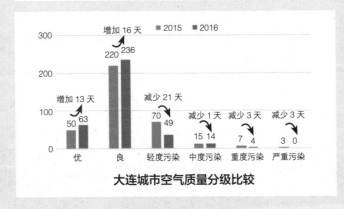

大连城市空气质量分级比较

空气质量的大幅好转，得益于以控煤、控车、控尘、控工业和调结构为举措的蓝天工程的深入实施，特别是燃煤锅炉整治、黄标车淘汰两大全市重点民生工程取得全胜贡献最大。

据测算，2016 年燃煤锅炉综合整治，共削减二氧化硫约 12499 吨、氮氧化物约 575 吨、烟尘约 9300 吨，削减量分别是 2015 年排放量的 11.1%、0.4%、13.1%；黄标车淘汰削减氮氧化物约 5150 吨，削减量是 2015 年机动车氮氧化物排放量的 12.7%。同时，强化防治工业污染，治理挥发性有机物，严控秸秆燃烧，综合整治扬尘污染等齐发力，综合治理效果凸显。

蓝天多了，空气好了，市民越来越多的获得感在蓝天上得到印证。

第三章 着力开展碧水工程，让水更清

ZHUOLI KAIZHAN BISHUI GONGCHENG
RANGSHUI GENGQING

作为一个水资源短缺的城市，大连市一直把饮用水保护作为环保工作的重中之重，坚持"保护优先，防治结合"，做好"多蓄水、供好水、治污水、节约水、防洪水"五篇"文章"。通过划定保护区、围网、勘界立标等多项工作，确保了"城市水碗"的清洁、安全。

"十二五"期间，大连市将水污染防治工作重心由末端治理逐步向源头防控转移，将水环境保护工作目标由减少污染排放向提高环境质量转变。

目前，大连市集中式饮用水水源地水质良好；各项评价指标符合地表水Ⅲ类标准及补充项目、特定项目标准限值。

碧流河、英那河、大沙河、登沙河、庄河及复州河6条主要河流的21个监测断面中：Ⅰ类水质占9.5%，Ⅱ类水质占47.7%，Ⅲ类水质占19.0%，即水质优良比例 占76.2%；Ⅳ类水质占19.0%，无Ⅴ类水质，劣Ⅴ类水质占4.8%。英那河入海口、登沙河杨家、登沙河登化、复州河复州湾大桥4个断面水质轻度污染；复州河蔡房身大桥断面水质重度污染。

近岸海域环境质量居全省各沿海市、县首位，功能区达标率100%。一类海域面积63.0%，二类海域面积29.9%，即水质优良的海域面积比例达92.9%；三类海域面积4.1%，四类海域面积1.7%，劣于四类的海域面积占比为1.3%，主要集中在普兰店湾、大连湾部分海域。

一、大连市水环境存在的问题

水体环境质量隐患
- 饮用水水源存在安全隐患；
- 污水处理能力不足导致部分河流水质不达标；
- 部分城市内河呈黑臭状态；
- 1.3%的近岸海域水质劣于四类等

基础设施建设不足
- 目前雨污分流比例不高，现有的合流制排水系统尚未完成雨污分流改造；
- 城市化的发展和人口聚集导致生活污水数量持续增加，环境基础设施建设能力提高不足，现有污水处理厂不能满足城市污水处理需求；
- 配套管网建设滞后，污水截流、收集不彻底，仍有部分区域污水没有进入污水处理厂处理

生态水短缺
- 大连缺水干旱，年均降雨量600～650毫米，2014年年均降雨量389毫米，2015年年均降雨量558毫米，低于历史平均水平；
- 主要河流建设水库，大坝下游的径流量低；河道建设方塘、拦河坝。

保障措施薄弱
- 属地党委、政府对环保工作重视程度不够；
- 部门责任不明确；
- 地方政府环保资金投入低；
- 国家、省、市已有的政策落实不到位；
- 考核和责任追究力度不足

社会参与不足
- 政府和企业及时发布环境相关信息的工作开展的不到位；
- 环境保护公众参与引导、宣传和教育工作不足；
- 公众的环境权利意识、依法参与意识还比较薄弱

二、大连市水环境综合整治

（一）饮用水水源保护

1. 加强相关制度建设

出台了《大连市饮用水水源保护区污染防治办法》《大连市集中式饮用水水源地突发环境事件应急预案》《大连市城市集中式饮用水水源地环境保护规划（2012—2020 年）》等。

2. 勘界立标

完成 23 处城市集中式饮用水水源保护区划分，开展保护区定界测绘及标志设立，设立各类饮用水源保护标志 1291 处。

宣传牌

界桩

界碑

交通警示牌

3. 饮用水水源保护工程

● 碧流河水库、英那河水库、洼子店水库、北大河水库一级保护区围网封闭 150 余千米。

公路两侧格栅围网   一般地段刺铁丝围网

● 10个涉水源地乡镇（街道）建成污水处理厂或接入市政管网，8个乡镇建成垃圾收集转运体系。

● 水源地上游岫岩县新甸镇建设污水、垃圾处理设施。

● 碧流河水库纳入国家《良好湖泊生态环境保护规划》范围，获得中央专项资金5200万元，目前在开展湿地建设、实时视频监控系统建设、塔岭金矿尾矿治理、应急预警系统建设等工作。

4. 能力建设

● 2009年，大连市成立了饮用水源专业执法队伍——大连市环境监察支队水源大队，开展水源地环境监察执法工作。

● 开发建设了大连市饮用水水源环境保护信息管理系统，在全省率先实现饮用水源移动执法。

（二）海洋环境保护

1. 污水处理厂建设及监管

● 已建成29座污水处理厂，城市污水处理率达90%以上；

● 污水处理厂综合达标率达95%以上，连续五年在全省城镇污水处理厂运行管理工作考核中名列前茅。

2. 排污口整治

● 根据中心城区九大排水区域划分，因地制宜地开展中心城区入海排污口综合整治。

入海排污口规范化标志牌实景图

● 开展排污口规范化整治，排污口编制整治情况报告。

整治前　　　　　　　　　　　　　整治后

对虎滩新区 N05 排污口实施规范化整治

● 对中心城区入海排污口信息采集，建设数字档案和信息化管理系统。

目前，中心城区入海排污口数量已从 2009 年的 135 个下降至 59 个，削减率 56%。

3. 陆源污染物控制

加强涉海排污企业和入海排污口监管，严控陆源污染。"十二五"期间累计减排化学需氧量 34417 吨、氨氮 3748 吨，超额完成总量减排任务，陆源污染物排海总量逐年下降。建立市、区（县）两级环境管理制度，加大对超标排污等违法行为的查处力度。

4. 沿海工业园区管理

● 执行规划环评审查制度，对园区内新上项目严格审批。

● 大连市重点开发的工业园区均已履行规划环评手续。

（三）地下水环境保护

为科学保护地下水资源，自 2013 年起，大连市实施地下水取水井封闭。截至目前已封闭地下水取水井 978 眼，年削减取水量 3470.66 万立方米。

（四）重点行业水污染整治

1. 医疗行业

自 2010 年起，大连市开展医疗行业水污染整治，完成 19 家医院废水治理项目，完成 37 家社区医疗卫生服务中心污染治理项目，安装污水处理设施 52 套。

站北民乐社区门诊污水处理设施

2. 食品行业

2012 年，开展全市食品加工等行业水污染治理，对 773 家食品加工企业中 327 家进行现场调查，完成 16 家长期不能稳定达标的水产、食品加工企业的治理，实现水污染物达标排放。

中粮麦芽污水处理厂

辽渔污水处设施及自动监控设备

3. 涉重金属行业

推进涉重金属行业中严重污染水环境工艺的淘汰工作，累计关闭重金属企业 14 家。

甘井子区前关镀锌厂关闭，设备已拆除

4. 造纸行业

● 35 家年产万吨以下造纸企业全部关闭。

● 5 家万吨以上造纸企业关闭。

● 其他年产万吨以上造纸企业实施停产整治；其中 7 家企业完成整治，新建和改造原有水污染治理设施，并通过验收。

大连宝发纸业有限公司污水处理设施改造

（五）农村连片整治

大连市投入资金 10 亿元开展农村环境连片整治工作，重点开展农村生活垃圾和污水治理，对全市 10 个涉农区市县（先导区）的 656 个行政村进行环境整治。整治工作完成后，大连市将全面建立起"村收集、镇转运、县处理"的农村生活垃圾收运体系、重点区域生活污水污染问题得到解决，农村生态环境将得到持续改善。

保税区二十里堡街道垃圾转运站　　　　　　大长山岛镇小泡子村污水处理站

长海县农村环境连片整治——垃圾压缩车　　　大长山岛镇小盐场村污水处理站

普湾新区炮台街道小刘河排污改造后成为景观河

专栏

2016 年大连变化哪儿最大
——大连海岸环境综合整治成果显著

"敢于动真碰硬,努力腾出更多亲海空间,为广大市民营造亲海、近海的海岸环境。"——2016 年 10 月 6 日,中央电视台《新闻联播》头条报道大连海岸环境整治情况。

2016 年,大连城市环境变化最大之处当属城区的海岸线。作为半岛城市,美丽的大海和优美的岸线,是大连的灵魂所在。盛夏时节,海边戏水早已成为市民和国内外游客的"标配"。

为了清理对岸线的不合理占用项目,有效保护岸线的自然属性和海岸原始景观,给市民游客提供更多的亲海空间,最大限度地还海于民,2016 年大连市委、市政府组织公安、规划、城建、海洋渔业、执法等部门实施了海岸线环境整治行动,清除违章建筑和非法圈占,修建了免费停车场、海边公共淋浴间等便民设施,为市民游客腾出了一个又一个看海、听海、玩海的好去处。

各地区、各部门共拆除海边违章建筑 343 处,取缔超面积经营业户 15 家,清除、移除私自停靠船只 73 条,平整海边场地 13 万余平方米,清运垃圾 3.2 万吨,短时间内就取得突出成效,市民游客纷纷"点赞",社会反响良好。

随着海岸环境、生态环境的变化,市民参与城市管理的积极性、主动意识随之大幅度提高,志愿者利用节假日参与清理海滩垃圾、杂物,他们的身影也成为大连海滩上一道风景。

银沙滩海滨浴场

2016年夏天,银沙滩海滨浴场有了翻天覆地的变化:30多处违建被拆除、500延长米围墙不复存在、150吨渣土被清走,1.2万平方米的场地变得清爽、敞亮

"河长制"——主要河流从此有了"父母官"

大连市水污染防治领导小组办公室 2016 年 8 月印发了《关于在全市重点流域实施环境保护"河长制"管理的通知》，明确实施"河长制"管理的流域范围为碧流河、英那河、登沙河、复州河、庄河、大沙河等 6 条河流，涉及市级以上考核断面 19 个，并由各级政府主要领导担任河长、河段长。大连市主要河流从此有了"父母官"。

根据《通知》，大连将按照"属地政府负责、部门分工协作、责任层层落实、严格考核问责"的原则，全面推行水环境保护目标责任制，建立河流河段、入河排污口、重点监控断面等河流要素全覆盖的市县乡村四级"河长制"管理体系，彻底解决污水直排问题。

《通知》要求"河长制"管理体系设置河长、河段长和河道管理员，分别由县（区、市）级政府领导、乡（镇、街道）级政府或部门主要负责人、村委会（社区、科室）负责人担任，并明确了具体职责。

为确保"河长制"各项工作的落实，《通知》明确要加强监督考核。将各地区"河长制"工作落实情况纳入大连市水污染防治工作方案考核中，重点对水环境达标与改善、治污工程建设、责任制落实、水环境日常监管等情况进行年度考核，考核结果向社会公布。对考核结果优秀的，予以通报表彰奖励；对工作不力、重点工程推进缓慢、没有完成水环境质量年度目标任务的，予以通报批评。

《通知》要求，实施监督考核的同时，要严肃责任追究。对未通过年度考核的，要约谈管理该河流的河长、河段长，实施挂牌督办，必要时采取区域流域限批等措施。对因工作不力、履职缺位等导致未能有效应对水环境污染事件，以及干预、伪造数据的，要依法依纪追究有关单位和责任人责任。

二、分段治理实现碧水工程——《大连市生态环境保护"十三五"规划》提出

（一）工业污水防治

● 取缔不符合产业政策的企业。

● 专项整治水污染重点行业。

● 集中治理工业聚集区水污染。

（二）饮用水水源地保护

● 实现饮用水全过程监管，从水源到水龙头全过程监管饮用水安全。

● 强化饮用水水源地规范化建设。

● 加强饮用水水源风险防范。

● 持续推进良好水体生态环境保护。

（三）城镇污水集中处理设施建设

● 加快城镇污水处理设施建设与改造。

● 全面加强配套管网建设。

● 推进污泥处理处置。

（四）改善河流水质、消灭黑臭水体

● 强化环境质量目标管理。

● 实施控制单元精细化管理。

● 整治建成区黑臭水体。

（五）地下水资源保护及污染防治

● 严控地下水超采。

● 定期调查评估饮用水水源及重点污染源地下水基础环境状况。

（六）加强近岸海域环境保护

● 按国家、省进度要求，实施总氮排放总量控制，研究建立重点海域排污总量控制制度。

● 推进海域和沿海地区生态健康养殖。

● 严格控制环境激素类化学品污染。

● 推进船舶港口污染控制。

● 增强港口码头污染防治能力。

（七）推进再生水、海水利用

● 加强工业水循环利用。

● 规范、促进再生水利用。

● 推动海水利用。

信息栏

大连市水污染防治工作目标

近期目标（2015—2017）

全市河流水质优良（达到或优于Ⅲ类）比例达76%以上

城市建成区黑臭水体基本消除

向主城区供水的集中式饮用水水源地水质优良比例达100%

地下水质量不下降

近岸海域水质不下降

中期目标（2018—2020）

全市河流水质优良比例达85%以上

入海河流基本消除劣Ⅴ类水体

向县区供水的集中式饮用水水源地水质优良比例达100%

地下水质量不下降

近岸海域水质不下降

远期目标（2020—2030）

全市河流、海域、饮用水水源、地下水水质状况保持稳定

建成完善的水环境长效管理机制

生态环境质量明显改善

生态系统基本实现良性循环

第四章 土壤及固体废弃物的污染防治

TURANG JI GUITI FEIQIWU DE WURAN FANGZHI

　　加强土壤污染防治是重大的民生工程，与大气、水体污染相比，土壤污染具有难以觉察、扩散缓慢、易于积累，危害大的特点，土壤污染治理周期更长、难度更大、投入更高、效果更慢。在解决土壤污染问题时，不能照搬大气、水污染治理思路和技术路径，需要考虑土地利用类型、污染程度、污染物类别、技术经济条件等因素，综合确定土壤污染防治思路。

　　2016 年 6 月，大连市政府启动《大连市土壤污染防治工作方案》（以下简称《工作方案》）的编制工作。经过反复论证、广泛征求有关各方意见和建议，历时半年终于在辽宁省率先落地，2016 年 12 月 7 日，大连市政府印发了《大连市土壤污染防治工作方案》，这标志着大连市完成了大气、水、土壤三大环境污染问题防治实施方案的"最后一块拼图"，是加快推进生态文明建设，系统开展污染治理的又一重大战略部署。

　　《工作方案》提出了大连市土壤污染防治工作的 10 条 33 款，共 112 项具体措施，每项工作都明确了牵头、配合部门及完成时限。《工作方案》成为当前和今后一个时期大连市土壤污染防治工作的行动纲领。

一、解读《大连市土壤污染防治工作方案》

（一）主导思想

● 预防为主是优先策略。

● 风险管控是主导思维。

● 切断污染源是基本前提。

● 土壤与大气、水污染协同防控是重要路径。

（二）基本结构

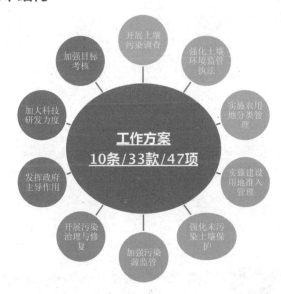

（三）基本任务

《大连市土壤污染防治工作方案》一共 8 项基本任务。

● 绘制一张图：大连市土壤污染详查（土壤环境质量分布图）。

● 落实一部法：土壤污染防治法（含相关法律法规及标准）。

● 形成一张网：大连市土壤环境质量监测网（国控、市控）。

● 编制一个清单：农用地土壤环境质量类别划定（建立农用地土壤环境

95

质量类别清单）。

● 建立一个名录：开展建设用地开发土壤环境调查评估（全市污染地块名录及其开发利用负面清单）。

● 实施一个工程：环境风险管控重点工程（调查风险评估、日常监控、治理与修复等）。

● 争取专项资金：土壤污染防治专项资金。

● 落实一个责任：发挥政府主导作用落实主体责任。

（四）工作目标

1. 总体目标

全面落实《土壤污染防治行动计划》和《辽宁省土壤污染防治工作方案》。

到 2020 年，全面掌握大连市土壤环境污染状况，土壤环境质量总体保持稳定，农用地和建设用地土壤环境安全得到基本保障，土壤环境风险得到基本管控。

到 2030 年，全市土壤环境质量稳中向好，农用地和建设用地土壤环境安全得到有效保障，土壤环境风险得到全面管控。到 21 世纪中叶，土壤环境质量全面改善，生态系统实现良性循环。

2. 主要指标

第一阶段 （2016—2020 年）	● 全市受污染耕地安全利用率达到 90% 以上 ● 污染地块安全利用率达到 90% 以上
第二阶段 （2021—2030 年）	● 受污染耕地安全利用率达到 95% 以上 ● 污染地块安全利用率达到 95% 以上

（五）23 项明确时限要求的措施

2016 年底前

确定土壤环境重点监管企业名单，并向社会公布

2017 年起

由土地使用权人负责开展土壤环境状况调查评估

逐步建立全市污染地块名录及其开发利用的负面清单，合理确定土地用途

各级人民政府要与重点行业企业签订土壤污染防治责任书，明确相关措施和责任

各级政府、各部门每年 12 月 15 日前报送年度任务贯彻落实情况

2017 年底前

制定全市土壤污染状况详查方案

完成全市土壤环境质量国控、市控监测点位设置和土壤环境质量监测网络建设

实现土壤环境质量监测点位所有区市县全覆盖

制定大连市土壤污染治理与修复规划

2018 年底前

查明农用地土壤污染面积、分布、污染程度及农用地土壤污染对农产品质量的影响

2020 年底前

掌握重点行业企业用地中的污染地块分布，并划分风险等级

力争建成大连市土壤环境信息化管理子平台

划定耕地土壤环境质量类别，建立分类清单，划定结果报省政府审定

完成国家轻度和中度污染耕地安全利用指标

完成国家重度污染耕地种植结构调整或退耕还林还草指标

完成国家受污染耕地治理与修复面积指标

重点行业的重点重金属排放量要比 2013 年下降 10%

全市主要农作物化肥、农药使用量实现零增长，利用率提高到 40% 以上，测土配方
施肥技术推广覆盖率提高到 90% 以上

全市主要农作物病虫害专业化统防统治覆盖率达到 40% 以上，病虫害生物、物理防
治等绿色防治覆盖率达到 30% 以上

全市所有蔬菜产业重点县实现农药包装废弃物回收处理

力争实现废弃农膜全面回收利用

规模化养殖场、养殖小区配套建设废弃物处理设施比例达到 75% 以上

对各地区土壤污染防治工作方案实施情况进行考核

二、《大连市生态环境保护"十三五"规划》提出：先行先试探索净土工程

（一）加强工业企业场地再开发利用环境管理，保障新增建设用地土壤环境安全

建立工业企业场地再开发利用环境管理联席会议制度，明确相关部门责任，加强信息互通和交流。开展工业企业场地排查，建立被污染工业企业场地数据库。合理规划土地用途，严格用地审批，关停并转、破产、搬迁工业企业场地未进行场地环境调查、风险评估、治理修复和治理修复后验收等工作并取得环保部门相应备案手续的，不得进入出让程序、不予重新供地、不予审批新建项目相关手续。本着"谁污染，谁治理"的原则，落实工业企业场地环境保护责任主体，开展污染场地土壤修复示范工程，并逐步完善工业企业场地再开发利用环境管理体系，切实防范工业企业场地污染。

（二）工业固体废物处置

遵循减量化、资源化、无害化的原则，对固体废物的产生、运输、贮存、处理和处置应实施全过程控制。

（三）建立农用地土壤环境分级管理利用制度

根据农用地土壤环境质量监测结果，建立农用地土壤环境分级管理利用制度，制定不同等级的农用地土壤管理利用方案，实现农产品产地土壤环境分级管理，保障食品安全。

（四）完善生活垃圾收集和处理设施建设

推行城市居民生活垃圾的分类收集和资源化回收利用。配套建设与区域服务人口相适应的生活垃圾收集和压缩设施，居民小区生活垃圾实行分类收集，开发生活垃圾综合利用技术，提高垃圾处理水平。

加强生活垃圾处理设施，提高餐厨垃圾处理能力，完善垃圾转运体系，采取有效措施治理旧填埋场。

第五章 环境执法与管理

HUANJING ZHIFA YU GUANLI

治乱当用重典，治污需有铁腕。新环保法、新大气法和"大气十条""水十条""土十条"等的实施，让环境执法生出利齿钢牙，成为整治环境违法行为的有力武器。新环保法的实施对保护和改善环境，防治污染和其他公害，保障公众健康，推进生态文明建设，促进经济社会可持续发展具有重要意义。新环保法赋予环保部门和其他负有环保监督管理职责的部门更多的执法权限，包括查封、扣押强制执行权、按日连续处罚权、责令限制生产、停产整治权、移送公安机关处以行政拘留等权限，新的执法权限的赋予为严格环境执法提供了强有力的支持，环保部门执法屡弱的形象得到改观。

大连市环保局充分运用新环保法赋予的按日连续处罚、查封扣押、限产停产以及移送行政拘留等手段，按照从严、从重、从快原则，通过日常监察和夜间及周末突击抽查相结合的方式，坚决查处绝不手软，呈现出环保部门强硬执法、排污企业积极整改治污的良好局面。

一、环境专项执法工作成绩突出

2016 年，大连市环境监察部门先后组织了"抗霾攻坚百日会战"、"利剑斩污净水行动"、环境执法大练兵等多个专项行动，全年查处环境违法案件 1165 件，占全省案件的 36.3%；收缴罚款 8152 万元，占全省的 48.9%；下达按日计罚 4757 万元，占全省的 41.0%，三项数据均为全省第一。铁腕执法，严厉打击了一批违法排污企业，解决了一批人民群众关注的环境热点问题，让污染者无处遁形。

专栏

抗霾攻坚百日会战

216 年 1 月 6 日至 4 月 15 日，大连市环境保护局集中执法力量，在全市范围内打响了一场以提升大气环境质量为目标的抗霾攻坚战，整个会战历时 3 个多月，重点加强对燃煤锅炉、工业企业、机动车尾气、工地及堆场四类大气污染源的监督管理。

会战期间的 101 天中，大连市区空气质量优良天数为 86 天，比 2015 年同期多 11 天，优良率为 85.1%，细颗粒物（PM$_{2.5}$）和可吸入颗粒物（PM$_{10}$）的日均浓度较 2015 年同期分别下降 14.5% 和 11.6%，各项指标均明显好于 2015 年同期，对 190 家次超标排放企业实施行政处罚。

● 《蓝天工程意见》规划方向，有力支撑百日会战

2015 年 12 月，针对影响大连市空气质量的突出问题，大连市政府出台了《大连市人民政府关于实施蓝天工程的意见》。《蓝天工程意见》规划出目标与方向，这是此次"抗霾攻坚百日会战"得以深入开展最强有力的支撑。

政府主导，分工明确；媒体公开，全民参与；加强调度，强化考核——2016 年 2 月，辽宁省政府蓝天工程工作领导小组以"辽蓝天发〔2016〕1 号"文件，向全省通报表彰了大连市的做法，要求各市学习借鉴。

● 两大新法长剑出鞘，让环境执法锋芒毕现

2015 年 1 月 1 日，修订后的环境保护法施行；2016 年 1 月 1 日，新的《大气污染防治法》施行——两部新法均被冠名"史上最严"，就是它们让环保执法犹如长剑出鞘锋芒毕现，让违法企业从此再难逃法网。

● 先仁而后法，先教而后刑

供暖季开始前，大连市环保局就向企业广泛宣讲新环保法，讲明利害，督促企业守法。供暖期刚刚开始，市环境监察部门联合监测部门，对全市所有供暖锅炉，像过筛子一样全都监测了一遍，对于每一台锅炉的污染物排放的大致情况全部做到心中有数。

● 预案充分，方案细致，分工明确

采取日常监察和夜间及周末突击抽查相结合的方式开展监察执法，要求执法人员每个工作日都要下去实施检查，每周至少开展一次夜间突击检查，每两周至少开展一次周末突击检查，对发现问题和实施处罚的企业要开展后督察等许多方面在方案中均有明确的要求。

● 赏不劝谓之止善，罚不惩谓之纵恶

新的《大气污染防治法》结合按日计罚，处罚额度上不封顶，只要违法行为未得到纠正，环保执法部门就可以一直处罚下去。对于一而再的违法者，就要进行按日计罚，加大其违法成本。

● 导入公众舆论监督，督促违法企业整改

建立"双通报"制度，导入公众舆论监督，督促违法企业整改是此次"百日会战"又一大特色。所谓"双通报"，一是内部通报，各县市区环保局、各分局（办）的工作进展、特色做法等在市环保局内网进行交流通报。另一个外部通报，违法企业名单将定期在新闻媒体上予以通报。

2016年3月1日，大连市曝光了会战行动第一阶段查处的55家环境违法企事业单位，3月2日至4月10日，会战行动第二阶段，全市各级环境监察部门加大执法力度，对73家存在污染物超标排放等环境违法行为的企事业单位立案查处，责令改正并下达行政处罚901万元，违法企事业名单在媒体进行曝光。4月13日，大连市环保部门再次曝光73家环境违法企业名单。

环境监察人员对锅炉房烟尘排量进行检查

利剑斩污水环境专项整治行动

为全面贯彻落实新环保法和国家《水污染防治行动计划》（简称"水十条"），切实加大水污染防治工作力度，加强对大连市排放废水单位的环境监管，确保废水稳定达标排放，大连市环保局从 2016 年 5 月 6 日开始在全市开展"利剑斩污净水行动"专项整治行动。

此次专项整治行动以市政排污口和主要河流上游企业专项检查，城镇污水处理厂运行情况检查，电镀、化工、医疗、屠宰及水产加工等重点排污单位检查为重点，采取不发通知、不打招呼、不听汇报，直奔现场的"三不一直"执法方式，对废水排放单位定期开展夜间检查与节假日突击检查，严肃查处一批非法排污、超标排放企业，依据新环保法，从严、从重、从快打击水环境违法行为，对符合移送条件的坚决移送公安机关，并对违法行为予以曝光，加大企业违法成本，提高企业社会责任意识，为大连市全面完成"水十条"各项工作任务夯实基础，促进大连市水环境质量的持续改善，保障群众邻水、亲水、乐水的权利。

截至 2016 年 8 月，全市已累计出动监察人员 3872 人次，检查企业 1662 家次，包括检查排污口 241 个、排查排污口上游企业 411 家次、排查河流流域工业企业 70 家次，检查化工企业 45 家次、医疗企业 203 家次、电镀企业 112 家次、屠宰企业 105 家次、水产加工企业 352 家次，检查污水处理厂 123 家次。累计查处违法企业 52 家次，下达行政处罚 155 余万元。

并根据新环保法和"两高"司法解释（最高人民法院、最高人民检察院《关于办理环境污染刑事案件适用法律若干问题的解释》），将涉嫌以逃避监管方式排放有毒污染物或非法排放重金属污染物超过国家污染物排放标准3倍以上的3起环境违法案件移送公安机关。大连市环保局还曝光了42家违法企业。

为强化行动力度，环保部门在市县两级均设立举报电话。依据《大连市举报重大环境违法行为有功人员奖励办法》，对市民举报的重大环境违法行为，经环保部门办案查证属实的，最高可获得2万元奖励。

大连市环保局今后仍将继续加大对涉水企业的环境监管力度，采取双随机抽查、夜查、突击检查等多种方式，严厉打击环境违法行为，提高企业环境责任意识，确保大连市水环境质量持续改善。

二、加强与司法的联动

近几年来，大连市环保局与大连市公安局内保支队经常开展联合执法行动，有力打击了环境违法行为。大连市公安局内保支队还专门设立驻环保局警务工作站。

为进一步推动行政执法与刑事司法衔接，更精准打击环境犯罪，大连市公安局和大连市环保局先后联合制定下发了系列文件，建立了公安环保联动执法联席会议制度、执法联络员制度、执法案件移送制度、重大案件会商督办制度、紧急案件联合调查机制、案件信息共享机制等七项工作机制。

公安、环保部门联动协作带来的是机制的畅通和效率的提升，在办理涉嫌环境污染犯罪案件时，不管是环保摸排的线索还是公安排查的线索，双方都第一时间通气，提前研究会商，制定行动方案，确定时间联合到现场进行侦办。公安部门具备侦办和审讯的经验及强制权，环保部门现场提供专业知识和技术支持，可第一时间固定现场证据，大大提高了办案效率。

专栏

"爱我家园"环保安全整治行动战果骄人

2016 年 11 月 7 日，大连警方启动近年来第一次专门针对环保领域的大规模专项行动——"爱我家园"第三战役环保安全整治专项行动。至 2016 年 11 月 21 日，历时 15 天，专项行动圆满收官。

五大领域全面打响七大战役

在"爱我家园"专项行动中，大连警方在全市公安机关交警、治安、内保、水务、食药五大领域，全面打响黄标车治理、企业排污整治、秸秆焚烧治理、水源地环境治理、企业废气排放整治、食品药品安全整治、废品收购业治理七大战役。

高水准"短平快"取得耀眼数字

一次性集中销毁"黄标车"1000 余台，查缴并送厂报废"黄标车"1 万余台，查处违规擅闯"绿标区"车辆 2000 余件（次）。

警方建立涉污企业"一企一档"1300 余份，查处涉企排污违法犯罪 79 起，成功破获瓦房店重大非法处置废旧铅酸蓄电池环境污染案，一举捣毁非法炼铅黑工厂 1 个，抓获犯罪嫌疑人 7 人。查获铅块约 80 吨、废旧电瓶 3000 余吨，涉案价值 2000 余万元。

会同大连市环保局启动"卫蓝行动"，对 30 家企业废气排放质量进行检查，对 16 家企业废气排放数据进行监测，尤其对企业除硫、除尘设备运行及数据监测情况进行重点检查，发现并依法处理违法污染企业 1 家。

排查整治水源地垃圾点 180 余处，非法采砂点 18 处，非法采砂船只 33 艘，非法围垦种植 26 处（4600 余亩），非法占压管线 14 处，非法捕捞 11 处，非法建筑 10 处（14000 余平方米），让大连市水源地环境质量有了较大改善。

针对全市 54 处秸秆、落叶焚烧风险区域，组织治安巡逻力量开展 24 小时巡逻防范，共出动巡逻警力 1.3 万余人（次）、警车 3300 余辆（次），发动群众 3.7 万余人（次）。

破获涉污食品药品犯罪 60 余起，打掉"黑窝点"160 余个，移交行政执法部门 60 余起。

重点强化危险废品回收隐患治理，排查非法废品收购站点 1000 余处，并依法取缔。依法查处违法犯罪 140 余起、非法从业人员 1600 余名，清理涉污垃圾 1200 余吨。

通过对群众反响强烈、已成规模化的民生领域环保问题进行强有力整治，让城市环境进一步改善，市民安全感、满意度进一步提升。对环境违法行为起到了巨大震慑作用，有力推动了大连市社会治理水平的提升。

"爱我家园"环保安全整治行动对犯罪分子起到了巨大震慑作用，这就是依法治国、依法治市的威力。环境整治要走向法制化轨道，有些排污，三令五申，仅仅依靠罚款解决不了问题，因此要依法行使职权，该移送的移送，该移交的移交，让环境保护走上法制化轨道。

三、加强环境执法队伍建设

环境执法队伍作为履行环境监管职责最基础、最基本的支撑力量，其能力建设要与时俱进，以适应新形势下环境执法工作的新任务、新要求。

近年来，环境保护领域出台了很多新的法律法规，这就要求环境执法队伍应该与时俱进，尽快熟练运用这些法律武器。但从基层实际情况来看，环境执法队伍、执法工作还有很大的提升空间。

为推进环境执法队伍建设，提高环境执法水平和效能，全力保障大连市重点环保工作的有效落实，根据辽宁省统一部署，结合自身特点与需求，2016 年 9 月底，大连市召开环境执法大练兵动员大会，并下发《大连市环境执法大练兵工作方案》。根据该方案，大连市从 2016 年 9 月末到 11 月末，集中开展环境执法大练兵活动。结合环保重点工作、日常监管、专项环境执法工作全面加大执法频次和力度，规范开展排污单位现场执法检查、环境违法案件查处、移送、规范制作执法文书等各项执法工作。

通过此次活动，大连市历练了环境执法队伍，规范了环境执法行为，提高了环境执法效能，推进了环境执法规范化、精细化、效能化；以强有力的执法手段和措施推进了大连市环保重点工作的有效落实，为环境综合督查整改任务等一系列环保重点工作任务的完成提供坚强的执法保障。

专栏

环境执法大练兵收效显著

大练兵期间，大连市共出动监察人员 10902 人次，共检查企业 4594 家次，共查处各类环境违法案件 304 件，全市下达处罚决定累计金额 1670.81439 万元，其中实施按日连续处罚的企业 10 家（次），累计下达金额 899.5464 万元；限产、停产整治的企业 13 家；实施移送公安机关行政拘留的企业 15 家；实施移送公安机关追究刑事责任的企业 5 家。

大连市环境监察支队围绕提高人员素质、提升执法能力、树立队伍形象三个大练兵目标，在大练兵过程中不断完善现行的环境监管机制，推进廉洁执法，并探索公共参与环保执法机制，取得了显著成效。

强化执法，确保节日蓝天

2016 年的"十一"长假，市民和游客均对辽宁省大连市良好的空气质量印象深刻。国庆期间，大连市区空气质量达标率为 100%，明显好于 2015 年同期。

除了天公作美，更与人为努力密不可分。大连市以环境执法大练兵为抓手，节日期间开通居民应急电话随时处理信访，加班加点推进锅炉整治，加强环境现场监察，为市民度过一个祥和安全、环境优良的假期保驾护航。

严查企业夜间偷排行为，对电镀行业开展"双随机"执法检查

环境执法大练兵活动开展以来，大连市将大练兵与夜间检查执法有机结合，重点对化工、电镀、屠宰等行业以及入海市政排污口上游企业废水排放情况进行检查，通过昼夜连续作战，加大对企业夜间偷排等违法行为的震慑力度。

此次检查采取"双随机"抽查方式，即随机指定人员、随机确定检查企业。各检查组配备环境执法人员两人，环境监测人员两人，公安干警1人，采用抽签方式确定检查区域，采取数据库随机抽取方式确定检查对象。在出

发前最后一刻才将36家受检企业名单分发给各检查小组，既锻炼了执法队伍快速反应能力，也确保了检查执法的保密性、公正性。

大案大起底，废弃10余年的厂房并没有远离环保基层网格人员视线

一个藏在深山中、废弃10余年的厂房，原本紧锁的大门居然打开了，这引起环保基层网格人员的注意。由此，通过进一步深挖，一起非法冶炼废旧铅酸蓄电池的污染环境案大白于天下。

据了解，这是大连公安机关乃至辽宁全省近年来侦办的最大一起污染环境案件，也是大连市环境监察部门正在开展的执法大练兵中发现的一个大案。

2016年8月23日，辽宁省大连瓦房店市环保局3名基层网格人员在泡崖乡做例行巡查。泡崖乡长山村有个厂房，在一座大山脚下，远离居民点，废弃10余年了。即使这样，网格人员每次下乡巡查，都要去这个点看看。

每次来这里都是大门紧闭上着锁，但这次，门虽然关着但锁打开了，这引起网格人员的警觉。"我们进入厂房，走进去很深很远，才发现有工人活动。"厂区内随意堆放着大量废旧电瓶。简陋破烂的厂房内，几台高温熔炉正在工作，还有工人手持长柄大勺在不明溶液内搅动，现场弥漫着难闻的味道。

发现这个情况后，网格人员立即向瓦房店市环保局领导汇报。在《国家危险废物名录》中，废旧电瓶属铅酸蓄电池，位列49类危险废物之一，国家规定只有具备危险废物综合经营许可资质的单位，才能从事废旧铅酸蓄电瓶收集、贮存和处置等经营活动。

瓦房店市环保局怀疑这是一起严重的非法处置危险废物，涉嫌污染环境犯罪的行为，立即向大连市环保局和大连市环境监察支队上报，并向瓦房店市公安局通报了情况。

第六章 环境宣传教育
HUANJING XUANCHUAN JIAOYU

宣传教育是环境保护工作的重要组成部分，具有不可替代的作用。我国的环境保护工作是从宣传教育起家的，依靠宣传教育，启发和不断提高公众的环境意识，使人们全面、深刻地了解保护环境的重要意义。在环境宣传教育的影响和带动下，公众对环境保护的参与逐渐由自发走向自觉，由感性走向理性，保护环境逐渐成为一种良好的社会风尚。

环境保护宣传教育，是法律政策的传播机，是先进理念的放大器，是违法行为的监视眼，是成功经验的传递链。积极有效的宣传教育，在及时报道党和国家环保政策措施，宣传环保工作中的新进展新经验，努力营造节约资源和保护环境的舆论氛围等方面发挥着重要作用。

大连市环保局宣教工作包括四大部分：组织评选活动、开展绿色创建、进行环保常识教育，以及对环保志愿者协会进行管理。

一、组织评选活动，营造浓郁的保护环境氛围

大连市环保局组织了多种多样的评选活动，旨在努力在全社会营造浓郁的保护环境氛围，形成人人自觉参与环境保护的社会新风尚；发掘环境保护

领域中做出突出贡献的人和事，激发全体市民保护环境，从自身做起的强烈社会责任感；树立起一批科技含量高、环保理念强的环保典范，及时总结实践经验，鼓励全市企业绿色发展、循环发展、低碳发展；展示大连市设计精良、管理精细的精品环境污染治理工程，督促各级各类企业履行环保责任，推进绿色化产业建设。

（一）生态文明，从娃娃抓起——大连市中小学优秀环境教育校本课评选

生态文明建设，关系民生福祉，关乎城市未来。孩子是祖国的未来，树立生态文明理念，必须从娃娃抓起。2016 年 3 月 18 日，大连市召开首次中小学环保教育工作会议，大连市环境保护局和大连市教育局在"环保教育进学校进课堂"上达成共识，联合下发《关于开展环境保护教育进校园活动的通知》，将以各学科渗透环境教育为基础，以创建环境友好学校为突破口，以环保教育实践基地为平台，以开设环保教育校本课为重点，以丰富多彩的主题教育活动为载体，使大连市中小学环保教育实现系统化、规范化、常态化，让生态文明的种子在娃娃的心里生根、发芽、开花、结果。

会议提出校园环保教育将围绕"知行合一"展开。一是以各学科渗透环保教育为主，进一步完善环保课程体系。开齐、上好与环保教育相关的国家课程和地方课程，实现环保教育高水平普及。二是在全市开展中小学优秀环保教育校本课评选活动，鼓励中小学依据《中小学生环境教育专题教育大纲》，结合学校和学生实际，分学段研发环保教育校本课程。用 3 年时间，开发完善环境教育校本课，并在全市推广。三是开展环境友好学校创建工作，强化校园软硬件环境建设。每年创建 20 所环境友好学校，5 年内创建百余所。四是做好教育系统的环境保护教育基地建设工作，打造中小学生环保教育实践体验平台。充分发挥沙河口区中小学科技教育中心、泰达垃圾焚烧厂等现有环保教育基地的作用，研发基地综合实践课程，引导中小学生积极参与环保教育基地实践体验活动，提高学生的环保行动能力。五是开展形式多样、丰

富多彩的环保主题教育活动。用 5 年时间，为百所环境保护友好学校建百个环保图书角。并组织开展环保教育讲座、环保知识竞赛等活动，进一步强化环保教育。

大连市环保局和市教育局将进一步加强合作，相互依托，将生态环保融进学校教学活动全过程，通过"小手拉大手，生态文明一起走"的教育途径，赋予"绿色可持续发展"生长平台与不竭动力，让"生态文明从娃娃抓起"，真正成为"利在千秋"的事业。

（二）一次倾城寻找一种精神发现——"三个十"评选活动

为大力发掘近年来为生态大连建设做出突出贡献的个人，树立一批积极推进生产方式绿色化的企业典范，宣传对大连市环境质量改善发挥重要作用的污染治理工程，由大连市环境保护局发起了公众参与环境保护活动月"环保系列"评选活动，即"十大环保人物"、"十佳环境友好企业"及"十佳环境污染治理工程"评选。通过在全社会范围内评选宣传先进典型，提高公众节约意识、环境意识、生态意识，形成生态文明建设人人有责、生态文明规定人人遵守的新局面，在全社会形成企业自律、公众自觉、社会监督的环境保护氛围。

这次评选涵盖了人物、企业、工程项目等不同的主体，评选范围之广、规模之大可谓前所未有。公众参与环境保护活动月环保系列评选活动得到了社会各界的广泛关注和积极响应，掀起了一场热切参与绿色行动的热潮。

（三）人人关爱环保，共建绿色大连——大连市首届环保征文活动

为深入贯彻落实党的十八届五中全会提出的绿色发展理念，提高公众节约意识、环境意识、生态意识，推动生产、生活、消费等领域，加快向节能环保、

绿色低碳、文明健康的方式转变，在全市形成"人人关爱环保，共建绿色大连"的社会新风尚，大连市环保局等 10 部门自 2016 年 4 月初启动，面向全社会开展环保征文活动。

大连市环保局作为活动组织单位，联合大连市委宣传部、市文明办、人大教科文卫委、人大环资委、教育局、政协科教卫委、政协人资环委、科协、文联等 9 个部门面向全社会征集紧扣"绿色大连"主题，树立"节约资源、低碳生活、保护环境、共建和谐"的核心理念，体现"衣、食、住、行、用"各个方面的征文作品。

此次征文活动覆盖了中小学、大学、机关、企事业单位等社会各个层面，至 8 月 31 日稿件征集结束，5 个月时间共收到投稿 11000 多篇，其中小学生投稿 8000 多篇，其他社会人士投稿 3000 多篇。

本次活动结束后，大连市环境宣传教育中心对稿件分组、分类进行评奖，并将获奖征文收录入《大连市首届环保征文比赛获奖作品集》正式出版，作为"环境十进"读物，发放到学校、社区、企业等。

二、开展"绿色创建"

绿色创建涵盖的内容非常丰富，主旨在于把绿色理念全方位地融入人们的日常生活生产及社会事业之中，目前主要由绿色学校创建、绿色社会创建、绿色医院创建、绿色饭店创建等。

大连市环保局开展了多种多样的绿色创建活动，创建环境友好学校、在社区里建立环保教育基地等，让绿色理念深入人心，构建大连市环境宣教大格局。

（一）创建环境友好学校

2016 年 3 月 18 日，大连市首次召开中小学环保教育工作会议，大连市环保局和大连市教育局在"环保教育进学校进课堂"上达成共识，联合下发《关于开展环境保护教育进校园活动的通知》，将以各学科渗透环保教育为基础，以创建环境友好学校为突破口，以环保教育实践基地为平台，以开设环保教育校本课为重点，以丰富多彩的主题教育活动为载体，使本市中小学环保教育实现系统化、规范化、常态化，让生态文明的种子在娃娃的心里生根、发芽、开花、结果。每年创建 20 所环境友好学校，5 年内创建百余所。

（二）社区环保教育基地

为创建绿色、健康的生态文明社区，在第 45 个世界环境日来临前夕的 6 月 3 日上午，凌水街道燕南社区举行环保教育基地启动仪式，这标志着大连市首个社区环境教育基地正式进驻燕南社区。

燕南社区环境教育基地是集宣传、教育、服务为一体，内部设有环保超市、环保讲堂、环保阅览室、节能环保示范成果展区四个部分，为推动环境教育信息化、智能化的建设，社区还引进了"环境 E 空间"智能环保项目，从而使社区环境教育工作实现了实地体验与"互联网＋"相互融合教育宣传模式，通过普及环保知识、把绿色环保理念融入居民生活的每一个细节。

2015 年 6 月起，大连市投资新建的泰达垃圾焚烧发电厂环保教育基地、沙河口区中小学生科技中心环保体验馆、甘井子区泡崖街道玉峰社区环保教育基地，三个环保教育基地正式免费向市民开放。这三家寓教于乐的环保教育基地是大连市推进环境教育进学校、进社区的重要载体，标志着大连市环境教育水平迈上了一个新的台阶。

（三）三大环保教育基地建设完成

2013 年 7 月 11 日，大连市政府印发《大连市 2013—2015 年开展全民环境教育工作实施方案》，当年财政投资 162 万元进行环保教育基地建设。

2015 年，大连市投资新建的泰达垃圾焚烧发电厂环保教育基地、沙河口区中小学生科技中心环保体验馆、甘井子区泡崖街道玉峰社区环保教育基地，三个环保教育基地正式免费向市民开放。这三家寓教于乐的环保教育基地是大连市推进环境教育进学校、进社区的重要载体，标志着大连市环境教育水平迈上了一个新的台阶。

专栏

探秘三大环保教育基地

● 泰达环保教育基地——"三大板块"破解垃圾无害化处理

泰达环保教育基地，是由大连市环保局拨款 75 万元，大连泰达环保配套投资 80 万元，历时近半年时间打造的一个立足大连、辐射东三省、影响全国的亲民化的环保主题教育基地，被选为大连理工大学、大连海事大学、哈尔滨工业大学、大连工业大学等多所高校的校外实践基地，取得了良好的社会效益。

基地从垃圾减量、垃圾分类回收等环节入手，深入了解垃圾与城市的关系，体会垃圾焚烧处理的前因后果，让参观者在寓教于乐中带走好的环保理念。基地共分三大主题板块，分别是"城市病情探秘"、"生活习惯改变"和"垃圾焚烧科普"，通过图片、声音、影像、模型和模拟场景再现等多种手段，为每一位参观者带来最生动、最难忘的环保体验。

● 沙河口区中小学生科技中心环保体验馆

为了培养学生的实践能力，让环保意识深入人心，大连市建设了沙河口区中小学生科技中心环保体验馆，面积约1000平方米。环保体验馆主要以科学性、知识性、趣味性相结合的展览内容和参与互动的形式，让观众在视听享受的同时，全面了解环境保护的重要性以及践行环保活动的迫切性。

环保体验馆的设计，源于这样的构想与理念：一楼的多功能体验馆采用五大展区互动体验的形式，意在唤起人们的环保意识；二楼的海洋环保体验馆，除了一条文化长廊宣传教育外，还有两个活动室，学生在此进行环保教育探究活动，加强环保认识；三楼的环保实践区不仅有六大主题宣传教育，学生还可以通过相关主题实践探究活动，坚定环保信念。用一句话概括就是：环保三步走，完成教育宣传，坚定环保信念。

环保体验馆是全面倡导和普及科学基础知识，引导青少年学习环保知识的第二课堂，环保体验馆开放后，将充分发挥"环境教育基地"服务的功能，使之真正成为大连市中小学生进行环保教育的大课堂。

● 玉峰社区——环保从生活中的一点一滴做起

玉峰社区位于泡崖地区中心繁华地带，近几年，玉峰社区不断创新环保形式，拓宽思路，不断丰富玉峰社区的环保内涵。

玉峰社区首先加大环保宣传力度，营造浓厚的舆论氛围。一方面，传统宣传阵地建设常抓不懈，在辖区主要路段设立环保宣传牌15块，环保宣传栏2个，小区的245个楼道都设有宣传牌等，实现全覆盖全天候宣传。利用"六·五"世界环境日等多种途径、多种方式向广大居民宣传有关环境保护的法律法规知识，在每年2～3次的社区文艺演出中穿插环保知识，寓教于乐。倡导居民参与地球一小时活动、拒绝使用一次性餐具及绿色消费理念，向居民宣传节能灯使用、垃圾分类等常识，动员社区居民积极参加社区的各类公益活动，收集废旧电池等活动。另一方面积极开拓特色新型宣传阵地。利用社区党建远程教育网、社区QQ群、社区图书阅览室等新型阵地，使社区居民在任何时候都能享用节能环保知识套餐，以发挥宣传教育的最大效能。

其次，将环保宣传教育与日常工作相结合。如将环保宣传与精神文明工作有机结合起来，通过在"十星级文明家庭、花样色家庭、最美家庭"评比活动中引入低碳环保内容，以市民学校为平台，为居民举办环保常识等专题讲座。

三、普及环保常识教育

针对大连传统环境宣教工作中存在的机制不活、覆盖面窄、手段单一、扁平宣教等问题，大连市政府2013年出台的《大连市2013—2015年开展全民环境教育工作实施方案》，以开展环境宣教"五进"（进机关、进党校、进学校、进社区、进企业）活动为抓手，开辟多元化宣教路径，普及环境保护知识，助力生态文明建设。

绿色生活篇

LVSE
SHENGHUOPIAN

环境问题日益严重，使得人类的生存面临困境，近年来环境健康污染事件频发，使人们意识到保护环境的重要性。传统的"边污染，边治理"的方法只能暂时改善环境，并不能从根本上保护环境。人类不合理的生活方式和消费方式是造成环境破坏的重要原因，只有提升人类环境保护的意识，使其发自内心、自觉地保护环境，改变自身的生活方式和消费方式，才能保持环境持续健康发展。

第一章 什么是绿色生活？

SHENMO SHI LVSE SHENGHUO

绿色生活是随着自然环境的不断恶化、人类生活方式的改变而产生的一种崭新的消费理念和生活方式。倡导并践行绿色生活，有利于缓解环境问题，提高公众的健康水平，保障人类和环境能够可持续生存和发展。

绿色生活是一种没有污染、节约资源和能源、对环境友好、健康的生活，是和谐社会的重要内容，是一种与可持续发展的伦理价值相适应和相协调的生活方式，是一种新的与环保、节约理念相适应的生活方式，它要求人们从思想上认可绿色消费，从行动上实践绿色消费，最终实现保护环境、节约资源以及自身的健康发展，所以，弘扬绿色生活方式，既有利于社会的长远发展，又有利于人们的身心健康。

中共中央、国务院《关于加快推进生态文明建设的意见》明确提出"绿色化"概念，"绿色化"包括生活方式的绿色化，要求提高全民生态文明意识，培育绿色生活方式，推动全民在衣、食、住、行、游等方面加快向勤俭节约、绿色低碳、文明健康的方式转变，坚决抵制和反对各种形式的奢侈浪费、不合理消费。绿色生活必须符合下面的三个条件。第一，消费者的生活环境和所消费的资料对健康有益或无害的；第二，消费者在工作生活中注意节约资源和能源；第三，消费者所使用的物品对环境应该是友好的。

绿色生活主要包括3个方面的内涵，一是增强生态环境保护意识，树立并倡导尊重自然、顺应自然、保护自然的理念；二是遵照环境保护法律规定，行使环境监督和享有健康环境的权利，配合实施环境保护措施；三是承担推动绿色增长、共建共享义务，使绿色出行、绿色居住、绿色消费成为人们的自觉行动，让人们在充分享受绿色发展所带来的便利和舒适的同时，履行好相应的责任与义务，按照环保友好、文明节俭的方式生活。

信息栏

2016年7月，中共大连市委、大连市人民政府发布了《关于加快绿色发展提升环境品质的意见》，加快绿色发展，提升环境品质，增进民生福祉，到2020年，全市绿色发展理念牢固确立，生态格局更加优化，绿色发展水平显著提升，绿色生产规模进一步扩大，资源能源利用效率大幅提高，主要污染物排放总量持续降低，生态环境质量明显改善，生态系统实现良性循环，基本形成生态空间山清水秀、人居环境宜居舒适、建设方式集约高效、生活方式绿色低碳的发展格局，努力建成"山体青葱、水体清澈、空气清新"的美好家园。

第二章 环境与健康的关系
HUANIJNG YU JIANKANG DE GUANXI

人类生活在自然环境之下，每天向自然环境摄取大量的物质能量，人与自然的关系是密不可分的，环境的变化直接影响着人类的生活质量。然而随着环境问题的日益严重，不断带给人类生存困境，人类才意识到保护环境的重要性。

环境问题日益严重，环境对健康的影响分为两个方面：健康的环境可以陶冶人的情操，对人体健康产生积极的影响；相反，恶劣的环境对人的健康造成负面的影响，甚至导致疾病。

一、健康的环境对人体健康产生的积极影响

（一）健康的环境可以促进身体健康的恢复

乌尔里希在研究自然环境的治理与康复功能的过程中认为，在医院中良好的户外环境能极大改善疾病的康复效果，其通过观测做了胆囊手术的病员的恢复状况得到，手术后住在病房窗外面对树林，比单纯面对砖墙的病房中病员的康复要快得多。

（二）健康的环境有助于身体活动的改善

健康的环境可以增加人的活动量，而人的活动对健康的影响作用约占35%，有研究表明，具有良好环境居住区的居民，参与身体锻炼的概率比自然环境不太好的住区的居民参与身体锻炼的概率要高3倍，而发生肥胖的概率要低40%。而且，在健康的公园环境中进行锻炼被证实，能减少50%的中风发病率，50%的糖尿病发病率和30%的结肠癌发病率等。

（三）健康的环境对人体健康具有保健功效

例如植物光合作用形成的空气负离子对哮喘、慢性支气管炎、脑血管疾病、冠心病、神经官能症、神经衰弱等20多种疾病都有一定的疗效；森林植物散发出的萜类化合物具有镇痛、驱虫、抗菌、抗组胺、抗炎、抗风湿、抗肿瘤、促进胆汁分泌、利尿、祛痰、降血压、解毒、镇静、止泻等的生理功效；芳香植物散发出的芳香气味可以使神经体液进行相应调节，促进人体相应器官分泌出有益健康的激素及体液释放出酶、乙酰、胆碱等具有生理活性的物质，改善人体神经系统、分泌系统等。

（四）健康的环境可以完善人体心理健康

有研究表明，当人们处于头痛、压抑状态时，在自然环境中活动，压力释放程度可达到87%、头痛程度可减轻52%。

二、恶劣的环境对人体的健康造成的负面影响

世界卫生组织（WHO）报告指出：2012 年，1260 万人死于环境污染，占所有死亡人数的 23%，包括空气污染、水污染和土壤污染，以及接触化学品、气候变化和紫外线辐射，这些因素导致 100 多种疾病和伤害。当今许多慢性疾病，如哮喘

与过敏病症、动物传播的疾病、肥胖、心血管疾病和抑郁病症等逐渐呈上升趋势，这些慢性疾病与当今诸如森林减少、河流退化、湿地消失等自然环境变化以及人为的大气、水、土壤等环境污染有着密切关系。

污染的环境对人体健康造成的危害可以分为两类：急性危害，污染物在短期内浓度很高，或者几种污染物联合进入人体可以对人体造成急性危害；慢性危害，小剂量的污染物持续的作用于人体产生的危害，一般是经过一段较长的潜伏期后才表现出来，如环境因素的致癌作用等。另外，污染物对遗传有很大影响。一切生物本身都具有遗传变异的特性，环境污染对人体遗传的危害，主要表现在致突变和致畸作用。

（一）大气污染

2015 年，全国 338 个地级以上城市全部开展空气质量新标准监测。监测结果显示，有 73 个城市环境空气质量达标，占 21.6%；265 个城市环境空气质量超标，占 78.4%，其中颗粒物仍然是我国空气污染的主要因素，6 种污

染物中，$PM_{2.5}$ 和 PM_{10} 的超标省（市）仍然最多，其次是 NO_2 和 O_3，SO_2 和 CO 则全部达标。就大连市来讲，2015 年大连市区空气质量优为 50 天，良为 220 天，轻度污染为 70 天，中度污染为 15 天，重度污染为 7 天，严重污染为 3 天。与上年相比，市区优的天数少 19 天，良的天数多 7 天，污染天数多 12 天，市区空气中首要污染物以细颗粒物（$PM_{2.5}$）和臭氧为主。

主要大气污染的来源

SO_2 主要来自固定污染源，如火力发电厂、炼油和硫酸厂等生产过程。

O_3 主要来源于机动车尾气和化工生产等。

PM_{10} 和 $PM_{2.5}$ 主要来源于机动车（船）排放、道路与建筑扬尘等。

CO 主要来自于炼钢、焦炉、采暖锅炉、固体废弃物焚烧排出的废气。

NO_2 大部分来源于矿物燃料的燃烧过程，如石油化工、燃煤工业等工业源排放。

世界范围内大量研究发现，大气污染能给患有慢性心血管系统疾病和呼吸系统疾病的人群带来不利影响，并可以在健康人群中加速这些慢性疾病的发生。即使一些地区大气质量有所提高，大气污染仍会对公共卫生产生重要不良影响，并且这种影响可能随着人口老龄化加重、慢性病发病率升高和城市化进程加快而加大，大气污染主要可造成的健康影响如下。

大气污染对健康的影响

急性中毒 —— 大气污染物浓度在短期内急剧升高

慢性炎症 —— 长期吸入大气污染物引起呼吸系统慢性炎症，如慢性肺阻（COPD）

致癌作用 —— 大气中的致癌危险性污染物造成人体癌症，例如肺癌

非特异性疾病 —— 大气污染物使得人体抵抗力降低，易患非特异性病

变态反应 —— 大气中的某些污染物具有致敏作用，可使得机体发生变态反应

1. 大气污染物浓度在短期内急剧升高造成急性危害

大气污染造成的急性危害主要是由烟雾事件和生产事故引起的，主要影响呼吸系统，心血管系统，造成咳嗽、呼吸困难、胸闷、呕吐、视力减退、窒息和死亡等急性中毒现象。如 1930 年 12 月 1 日至 5 日，比利时马斯河谷上空出现了很强的逆温层，致使 13 个大烟囱排出的烟尘无法扩散，大量有害气体积累在近地大气层，对人体造成严重伤害。一周内有 60 多人丧生，其中心脏病、肺病患者死亡率最高。此后发生的伦敦烟雾事件，造成 12000 人死亡，洛杉矶烟光化学烟雾事件造成因呼吸系统衰竭死亡的 65 岁以上老人 400 余人。1984 年 12 月印度博帕尔的化学品储罐爆炸造成有毒有害气体泄漏，在此次事件中，有 521262 人暴露毒气，其中严重暴露的有 32477 人，中度暴露的有 71917 人，轻度暴露的有 416868 人，2500 人因急性暴露死亡。

2. 大气污染物的长期刺激作用造成慢性危害

大气污染物更多通过慢性危害影响着人类健康，大气中的二氧化硫、氮氧化物、颗粒物等可长期反复刺激机体会引起各类咽炎、喉炎、气管炎等呼吸系统疾病，进而逐渐发展成慢性阻塞性肺疾患、肺心病等。大气污染物还可降低人体免疫力，引起机体不同变态反应。除此之外，通过统计调查表明，长期暴露于大气颗粒物的人群心血管疾病死亡率增加。如慢性肺阻，2012 年全球疾病负担报告中指出，由空气污染造成的慢性肺阻在大于 25 岁的成人中所占的比例为 8%；大气中的致癌危险性污染物造成人体癌症，如肺癌，美国癌症学会在 1982—1998 年一项多达 50 万人的队列研究中发现，细颗粒物（$PM_{2.5}$）年均浓度每升高 $10\mu g/m^3$，人群肺癌死亡率将上升 8%。

大气中的某些污染物具有致敏作用，可使得机体发生变态反应，同时大气污染物还可以使得人机抵抗力降低，易患非特异性疾病。国际癌症研究机构（IARC）已于 2013 年将大气污染列为一级致癌物。欧洲空气污染影响队列研究（ESCAPE）对欧洲 17 个长期队列的研究中证实人群暴露于大气污染会增加肺癌（尤其是肺腺癌）发病风险。大气污染物质根据物理性质可分为多粒径分布的悬浮颗粒物与各类气态污染物。在大气悬浮颗粒物方面，$PM_{2.5}$ 以下的颗粒直径可穿过肺泡进入血管，刺激血管壁发生炎症反应，导致动脉粥样硬化，诱发心脏病和中风；另一方面，此类细颗粒物具有较大比表面积，在大气中滞留时可吸附大量有毒有害物质，影响人体健康，因此目前 $PM_{2.5}$（包含 PM_1 与 $PM_{0.1}$）健康效应研究关注较多。大气气态污染物包含碳氧、硫氧、氮氧化物、挥发性有机物等，大量研究证实了这些有毒有害气体对人群的各类健康效应，而目前研究普遍认为，由 NO_x 经二次光化学反应产生的臭氧成分的急性毒性效应最大，其短期暴露可刺激呼吸道，引发支气管炎等呼吸性疾病，可造成神经中毒，并具有致癌风险。

3. 气污染物通过间接方式影响人类健康

二氧化碳等温室气体增加所致的温室效应使气候变暖，进而有利于病原体及有关生物的繁殖，从而引起各种生物媒介传染病，尤其是脑炎、登革热、黄热病等传染病的发病率上升，气候变暖还可引起暑热相关疾病以及过敏性疾病的发生率增高。而氟利昂及哈龙类物质的影响使大气臭氧层破坏，造成人群白内障或皮肤癌等疾病的发生，大气层中的臭氧每减少 1%，地面受到太阳紫外线的辐射量就增加 2%，皮肤癌患者就会增加 5%～7%。二氧化硫等污染物增多所致的酸雨，增加土壤中有害金属的溶解度，加速有害物质向农作物转移，通过食物链促使汞、铅等重金属进入人体，诱发癌症和老年痴呆，形成的酸雾侵入肺部，诱发肺水肿或导致死亡，长期生活在酸雨环境中的人，会诱使产生过多的氧化脂，导致动脉硬化、心肌梗死等疾病的发病概率增加。

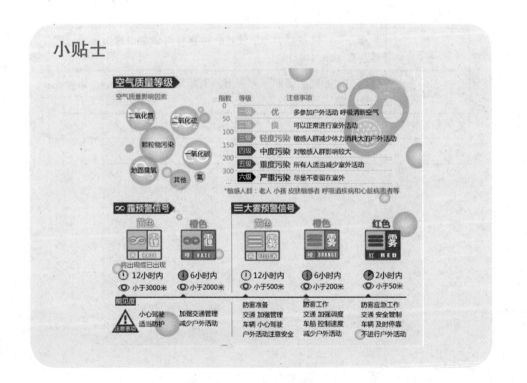

几种大气污染物对人体的影响

名称	对人体的影响
二氧化硫	视程减少，流泪，眼睛有炎症。闻到有异味，胸闷，呼吸道有炎症，呼吸困难，肺水肿，迅速窒息死亡
硫化氢	恶臭难闻，恶心、呕吐，影响人体呼吸、血液循环、内分泌、消化和神经系统，昏迷，中毒死亡
氮氧化物	闻到有异味，支气管炎、气管炎，肺水肿、肺气肿，呼吸困难，直至死亡
颗粒物、粉尘	与死亡率、呼吸系统和心血管系统发病率密切相关，粒径越小，对人的危害就越大。主要伤害眼睛，视程减少，慢性气管炎、幼儿气喘病和尘肺，死亡率增加，能见度降低，交通事故增多
光化学烟雾	眼睛红痛，视力减弱，头疼、胸痛、全身疼痛，麻痹，肺水肿，严重的在 1 小时内死亡
碳氢化合物	皮肤和肝脏损害，致癌死亡
一氧化碳	头晕、头疼，贫血、心肌损伤，中枢神经麻痹、呼吸困难，严重的在 1 小时内死亡
氟和氟化氢	强烈刺激眼睛、鼻腔和呼吸道，引起气管炎，肺水肿、氟骨症和斑釉齿
氯气和氯化氢	刺激眼睛、上呼吸道，严重时引起中毒性肺水肿
铅	神经衰弱，腹部不适，便秘、贫血，记忆力低下

信息栏

2016 年我国首部关于儿童呼吸健康的白皮书《儿童呼吸健康科普白皮书》首次发布。该白皮书综合近 10 年来国内外针对环境污染对儿童呼吸健康影响的研究，发现大气污染，如 $PM_{2.5}$、二氧化硫、总悬浮颗粒、降尘等，可使儿童的上呼吸道感染、支气管炎、鼻炎、扁桃体炎、哮喘、肺炎的患病率增加。据白皮书数据显示，0 ～ 14 岁患儿发病率最高的仍然是呼吸系统疾病，占 51.87%。呼吸道是直接与外界联系的系统，儿童呼吸道及免疫功能发育尚未完善，所以其发病率最高。另外，由于儿童平均每天在室内度过的时间超过 80%，室内空气

环境的污染对儿童的呼吸健康影响更为明显。白皮书显示，室内环境问题主要有三大"杀手"因素：二手烟（38.30%）、三年内家里有过装修（30.11%）、烹调不使用排气扇（23.50%）。

小贴士

日常生活中，许多小行动，都可以成为环境保护的助力。

选择无磷或少磷的环保型洗涤剂，可在一定程度上减少废水中磷的含量，避免废水排入江河后造成水体富营养化，影响鱼虾生长，威胁自身用水安全。

餐厨环节绿色化。餐厨垃圾源头减量，参与光盘行动，剩菜打包，减少一次性餐具等资源消耗品的使用。有条件的家庭，还可以安装家用食物垃圾处理器。

垃圾分类回收。了解垃圾分类制度和方法，以家庭为单位，开展垃圾分类回收，让"放错了位置的宝贝"发挥作用，让有毒有害垃圾被安全处理。

绿色家装。使用节水、节电器具，拒绝使用含有有毒有害物质的家装产品，减少实木家具、建材的使用。

小贴士

雾霾天锻炼转室内多大强度才"算数"

雾霾来袭时，大气中的有害颗粒增多，极易导致呼吸系统的防御功能和肺功能下降。很多医生都表示，在这样的天气里，平时有锻炼习惯的人群应停止户外跑步和散步，同时避免到人群聚集的公共场所进行锻炼，在家中做一些舒缓的运动为宜。

梅帅是大连户外运动圈中有名的达人，每周末他都发出召集令，带领一批同好者行走于大连周边的青山绿水中。他有一个原则，那就是"雾霾天，不户外"。雾霾天，梅帅会在家进行 30~40 分钟的运动，利用床、沙发、椅子做仰卧起坐、俯卧撑、蹲起等动作。他说，不能走出户外时，保持这样的运动习惯，也足够达到强身健体的目的。

辽宁健美队教练马晔推荐了多种方便在家操作的运动方式。原地空身跳是最为适宜的有氧运动，每天 300~500 次，可以达到减肥和强健心脏的作用。此外，还可以做空手深蹲，双手水平前伸或者背后，一组 10~15 次，每天 3~5 组；利用床和椅子做俯身空手臂屈伸，如果家中还有哑铃更好，可做俯身哑铃臂屈伸，锻炼肱三头肌，一组 10~15 次，男性每天 4~5 组，女性每天 2~3 组，女性做这个动作可以甩掉"蝴蝶袖"的大难题。

（二）水环境污染

水资源是人类的生命之源，人们的生存离不开水。但是饮用了被污染的水，人们就会产生疾病甚至死亡。据最精确的估计，全世界每年大约有 2.5 亿人患上经水传染的疾病，其中大约1000万人死于非命——每三年的死亡人口相当于一个加拿大的人口。我国水资源概况：我国大小河川总长42万千米，湖泊7.56万平方千米，占国土总面积的0.8%，水资源总量28000亿立方米，人均2300立方米，只占世界人均拥有量的1/4，居121位，为13个贫水国之一。目前中国640个城市有300多个缺水，2.32亿人年均用水量严重不足。我国污水、废水排放量每天约为108立方米之多。水污染现状更是触目惊心，一项调查表明，全国目前已有82%的江河湖泊受到不同程度的污染，每年由于水污染造成的经济损失高达377亿元。

就大连市而言，2015年碧流河水库、英那河水库水质连续10年稳定达标，无突发水污染事故发生。全年近岸海域海水质量状况良好，近岸海域一类、二类水质面积占全市管辖海域总面积的92.9%，主要海水浴场水质优良率均达85%以上。个别海水浴场水质差的原因是溶解氧偏低。

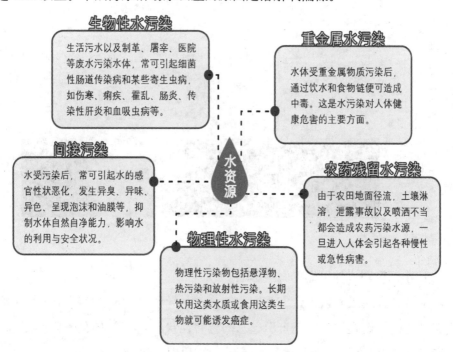

信息栏

　　2015 年《大连市环境保护综合督查报告》（下称"督查报告"）指出督查报告直言："部分城市内河及近岸海域污染较重，水环境管理需要进一步加强。"东北环境保护督查中心现场抽查了大连市部分城市内河水质情况，"污染严重，水体呈黑臭状态"，而且还存在生活污水直排入海等情况。数据资料显示，2014 年监测的 25 个入海排污口中有 16 个超标，部分海域水质劣于四类。

　　督查报告明确指出："全市 23 家污水处理厂有 13 家达不到一级 A 排放标准，处理规模占全市总处理能力的 60% 以上；春柳河污水处理厂一期仍执行二级标准，长期超标排放。"另外，城镇生活污水再生水回用率仅为 11.2%，据国家要求差距较大。水库水源一级保护区内仍存在公里穿越、居民居住、耕地等情况。

1. 水污染对人体健康的间接影响

　　水污染直接或间接地危害着人体健康，如导致急性或慢性中毒、水传播疾病以及化学致癌作用，还可引起水的感官性状恶化，影响饮水卫生状况，从而间接影响人体健康，具体的水环境污染造成的健康影响如下。

水污染对健康的影响

化学性污染物污染的水体通过饮食或食物链进入人体，包括甲基汞等。

急性中毒

水生生物富集有毒金属和有机氯即可导致水慢性中毒事件的发生。

慢性中毒

介水传染病

致畸致癌致突变

介水传染病主要指病原性微生物污染而引起的霍乱、伤寒、脊髓灰质炎、甲型病毒性肝炎等，介水传染病的病原体主要来自于生活污水、生产废水以及人类的粪便。

如：水中的镍及其化合物进入人体后，能抑制精氨酸酶、酸性磷酸酶和脱碳酶等的活动，从而引发病变。甲基汞能通过胎盘屏障侵害婴儿，导致新生儿发生先天性疾病，主要作用于神经系统。微囊藻毒素可在鱼体内存积，其是公认的肝脏毒素，长期食用被毒素污染的水和鱼类有中毒的危险。

● 被化学性污染物污染的水体通过饮食或食物链进入人体，造成急性中毒或慢性中毒

水体的化学性污染主要包括有机污染和无机污染，主要有甲基汞中毒（水俣病）、镉中毒（痛痛病）、砷中毒、铬中毒、农药中毒、多氯联苯中毒等，其中甲基汞能通过胎盘屏障侵害胎儿，导致新生儿发生先天性疾病，主要作用于神经系统，特别是中枢神经系统，最严重的部位是大脑和小脑；镉对发育期小学生记忆能力有损害作用，主要表现在长时记忆和短时记忆；砷可抑制酶使其失去活性，造成机体代谢障碍，对机体多功能造成伤害，包括高血压、心脑血管疾病、神经病变、糖尿病、皮肤色素代谢异常及皮肤角化，并最终发展为皮肤癌和膀胱、肾、肝等部位癌症的高发，特别是对儿童的免疫功能可能造成不利影响；硒高浓度会危害肌肉及神经系统；亚硝酸盐造成心血管方面疾病，婴儿的影响最为明显（蓝婴症），具致癌性；总三卤甲烷以氯仿对健康的影响最大，致癌性方面最常发生的是膀胱癌；三氯乙烯吸入过多会降

低中枢神经、心脏功能，长期暴露对肝脏有害；四氯化碳（有机物）：对人体健康有广泛影响，具致癌性，对肝脏、肾脏功影响极大农药进入人体产生急性或慢性危害，甚至远期危害，包括致突变、致癌和生殖毒性。

小贴士

简易判断饮用水水质的方法

● 看：干净水应该无色、无异物、无漂浮死亡的动物尸体等。

● 嗅：干净的水没有异味。

● 尝：干净的水没有味道，如果发现有酸、涩、苦、麻、辣、甜等味道则不能饮用。

● 验：如果条件允许，可以利用水质（快速）检验设备等对水质进行快速检验，合格后饮用。

节约用水小窍门

● 洗刷的时候水龙头不要开得过大，用完关好水龙头，有时水龙头关不住一直有水滴流出，建议在水龙头下方放一水桶节水。

● 用淘米的水用作洗菜，也有助于消除蔬菜上的农药，用淘米水洗脸也有助于美容，洗完菜的水也可以用作冲马桶或者用作拖地。

● 洗衣服用水量比较大，用洗衣机洗衣服的时候不要放得过满，洗衣机的水位不要定得太高，否则衣服之间缺少摩擦，洗不干净反而还浪费水。洗衣服用过的水也可以用于冲厕。

● 洗浴。间断放水淋浴，搓洗时及时关水，避免过长时间冲淋。盆浴后的水可用于洗衣、洗车、冲洗厕所、拖地等。

● 洗车。用水桶盛水洗车；使用洗涤水、洗衣水洗车；使用节水喷雾水枪冲洗；利用机械自动洗车。洗车水处理后循环使用。

信息栏

水污染物中重金属对儿童的影响

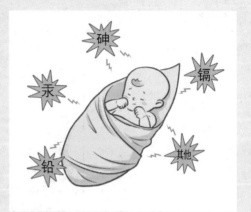

砷：全球有中国、印度、孟加拉国等 20 余个国家出现了因饮水中砷含量过高而导致的砷中毒病例，各年龄段均可发病。我国饮水型地方性砷中毒病区儿童受影响人数超过 40 万。有研究表明：长期饮用砷含量在 0.1 毫克/升以上的高砷水对儿童的免疫功能可能造成不利影响。

汞：汞是一种高神经毒物，也是金属元素中毒性较高者之一，进入水体的量占总排放量的 3%，造成水俣病。甲基汞能通过胎盘屏障侵害胎儿，导致新生儿发生先天性疾病，主要作用于神经系统，特别是中枢神经系统，最严重的部位是大脑和小脑。

铅：有研究报道，儿童对饮水中的铅吸收率可达 50% 以上。高水平的铅暴露对儿童具有多器官、多系统毒性效应，包括中枢和外周神经系统、血液系统、肾脏、心血管系统和生殖系统等。Wakkefied J 等发现血铅浓度每增加 10 微克/升，IQ 下降 4.6%。

镉：美国毒物管理委员会已将其列为第 6 位危及人类健康的有毒物质。儿童对镉暴露更敏感，长期低剂量镉暴露，不仅影响肾脏和骨骼的正常发育，还会影响免疫系统的正常功能与发育，并对高级神经活动如学习、记忆有损害作用。有研究表明镉对发育期小学生记忆能力有损害作用，主要表现在长时记忆和短时记忆。

其他：水中硝酸盐浓度为 90～140 毫克/升时，即可导致婴儿高铁血红蛋白症；为高氟饮水而导致的儿童氟斑牙；对瑞典的出生缺陷影响因素研究发现，饮水中高浓度三氯甲烷（＞10 微克/升）增加了先天性心脏病患病的危险性等。

● 介水传染病主要指病原性微生物污染而引起的霍乱、伤寒、脊髓灰质炎、甲型病毒性肝炎等

介水传染病的病原体主要来自于生活污水、生产废水以及人类的粪便。在生活中，不仅饮用不洁净水或食用被水污染的食物可引起伤寒、霍乱、细菌性痢疾、阿米巴痢疾、甲型肝炎等传染性疾病，在

游泳和洗浴时若暴露于不洁水后，水中病原体亦可经皮肤、黏膜侵入机体，引起血吸虫病、钩端螺旋体病和军团病等。印度新德里曾在 1955 年 11 月至 1956 年 1 月，由于集中式供水水源受生活污水引起甲型肝炎大流行，我国 1989 年上海的"甲肝事件"，也是由水污染引起的，且在发展中国家，每年约有 6000 万人死于腹泻，其中大部分是儿童，如巴基斯坦由于水污染导致的腹泻占 5 岁以下儿童疾病的 14%，并且巴基斯坦大约每年有 0.2 万～0.25 万名儿童因腹泻和其他与水有关的疾病死亡。

● 污染水源的致癌作用

某些有致癌作用的化学物质如砷、铬、镍、铍、苯胺、苯并 [a] 芘和其他多环芳烃、卤代烃污染水后，可被悬浮物、底泥吸附，也可在水生生物体内积累，长期饮用含有这类物质的水，或食用体内蓄积有这类物质的生物（如鱼类）就可能诱发癌症。目前，全球水体已鉴别有机化合物 2000 多种，从饮用水中分离出 769 种有机化合物，其中致癌物 26 种，促癌物 18 种，致突变物 45 种，共 109 种致癌物、促癌和致突变物质。这些"三致"毒性物质有：

多环芳烃、二噁英、POBs、
狄氏剂、氯丹、灭蚁灵、七氯、
敌枯双、西维西、烷基汞、
氯代甲烷、丙烯腈、β－萘
胺联苯胺、亚硝胺、五氯酚
钠、甲醛、苯、砷、铅等具

有致癌、致畸、致突变作用的。水中还存在着有毒有害无机物和重金属，自
来水消毒产生的氯代烃类，POPs 公约中首批名单有 12 种，即农药 8 种：狄
氏剂、艾氏剂、异狄氏剂、氯丹、灭蚁灵、七氯、毒杀芬、DDT；化学品 2 种：
PCBs、六氯苯；工业副产品 2 种：二噁英、苯并呋喃；以上 POPs 的 12 种有
毒有害物质存在水中乃至人类环境中，持久存在有机污染物，通过食物链在
生物体内富集，最终通过水体及哺乳转移到后代体内，其毒性极高。居民长
期接触和饮用受致癌、致突变的污染水，可增加人群的癌症发病率和死亡率。
如饮用水中存在氯化有机物，可使消化系统和泌尿系统的癌症死亡率增加，
且加氯、加氟水质消毒产生的负面作用已发现与膀胱癌、结直肠癌的发生有关，
砷的浓度过高的饮用水使皮肤癌发病率上升。

　　2. 水污染对人体健康的间接影响。

　　水污染后，常可引起水的感官性状
恶化，如某些污染物在一定浓度下，对
人的健康虽无直接危害，但可使水发生
异臭、异色，呈现泡沫和油膜等，妨碍
水的正常利用。铜、锌、镍等物质在一
定浓度下能抑制微生物的生长和繁殖，
从而影响水中有机物的分解和生物氧化，
使水自净能力下降，影响水的卫生状况。

信息栏

海洋的污染主要是发生在靠近大陆的海湾。由于密集的人口和工业，大量的废水和固体废物倾入海水，加上海岸曲折造成水流交换不畅，使得海水的温度、pH、含盐量、透明度、生物种类和数量等性状发生改变，对海洋的生态平衡构成危害。海洋污染突出表现为石油污染、赤潮、

有毒物质累积、塑料污染和核污染等几个方面。我国的渤海湾、黄海、东海和南海的污染状况也相当严重，虽然汞、镉、铅的浓度总体上尚在标准允许范围之内，但已有局部的超标区；石油和COD在各海域中有超标现象。其中污染最严重的渤海，由于污染已造成渔场外迁、鱼群死亡、赤潮泛滥、有些滩涂养殖场荒废、一些珍贵的海生资源正在丧失。

15%的垃圾漂在海面，15%的垃圾在海面以下顺水而动，还有70%沉积在海底，因此人们可以看到的垃圾只是冰山一角。此外，该组织的专家估计，到2020年塑料废弃物的生产速度将达到1980年的9倍，每年的产量将达到5000万吨。专家警告说，一半的增加量都将产生于最近10年。

海洋污染对海洋生物资源、海洋开发、海洋环境质量产生不同程度的危害最终又将危害人类自身。

● 局部海域水体富营养化；

● 由海域至陆域使生物多样性急剧下降；

● 海洋生物死亡后产生的毒素通过食物链毒害人体；

● 破坏海滨旅游景区的环境质量，失去应有价值。

（三）土壤污染

《全国土壤污染状况调查公报》显示，全国土壤环境状况总体不容乐观，部分地区土壤污染较重，耕地土壤环境质量堪忧，工矿业废弃地土壤环境问题突出。工矿业、农业等人为活动以及土壤环境背景值高是造成土壤污染或超标的主要原因。全国土壤总的超标率为 16.1%，其中轻微、轻度、中度和重度污染点位比例分别为 11.2%、2.3%、1.5% 和 1.1%。污染类型以无机型为主，有机型次之，复合型污染比重较小，无机污染物超标点位数占全部超标点位的 82.8%。从污染分布情况看，南方土壤污染重于北方；长江三角洲、珠江三角洲、东北老工业基地等部分区域土壤污染问题较为突出，西南、中南地区土壤重金属超标范围较大；镉、汞、砷、铅 4 种无机污染物含量分布呈现从西北到东南、从东北到西南方向逐渐升高的态势。无机污染物中镉、汞、砷、铜、铅、铬、锌、镍 8 种无机污染物点位超标率分别为 7.0%、1.6%、2.7%、2.1%、1.5%、1.1%、0.9%、4.8%。有机污染物中六六六、滴滴涕、多环芳烃 3 类有机污染物点位超标率分别为 0.5%、1.9%、1.4%。

从数字看我国土壤污染现状

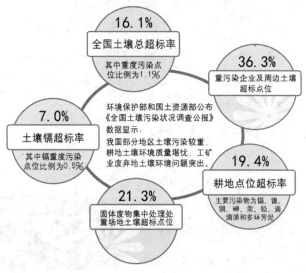

土壤环境污染造成的健康影响如下：土壤污染通过直接接触（如人类的皮肤接触、动物舔啄土壤等）、呼吸含土壤颗粒的空气、饮用土壤污染的地下水（或地表水）水源或通过水生食物链以及食用重金属污染土壤上生产的农业产品等途径进入人体，造成人体的健康损害，不同的污染物造成的健康损害不同，如镉进入人体内主要蓄积于肾脏，其次为肝、胰、主动脉、心、肺等。

土壤污染对健康的影响

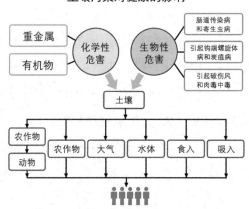

● 土壤中含有的大量有机质来源于光合作用和人类活动，天然有机质正常浓度下对人体健康无害，人工合成有机质对人体健康有较大影响。

人工合成有机质主要通过污水灌溉、农药喷洒、固体废弃物的淋滤以及运输事故进入土壤，对人体影响较大的主要有化学农药以及酚、苯并芘与油类等有机化合物。大部分有机质被土壤吸附，滞留在土壤中，而生物难降解的有机质，会通过食物链进入人体，危害人体健康，且具有"三致"作用和不可逆性。

● 微量重金属与人体健康密切相

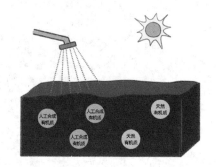

关，超过浓度后，会对人体造成伤害

　　重金属是指比重大于 5 的金属，到目前为止，发现的重金属有 45 种，但通过土壤影响人体健康的重金属有汞、镉、铅、砷、铜、锌等。土壤中的重金属主要来自污水灌溉、工矿活动、施用肥料和农药等方式。土壤中的重金属含量不同对人体的影响也不同。低剂量的重金属能引起急或慢性中毒，抑制酶的活性，破坏正常的生物化学反应，如铜和钒具有抗生殖作用，铅和汞能影响胚胎正常发育，铅对儿童有很强的神经毒性等。重大的重金属污染事件有"米镉油"事件和水俣病等，据湖南省石门县有关部门调查，1951—2012 年的 60 多年间，矿区确诊的砷慢性中毒者 1000 多人，有近 400 人死于砷中毒诱发的各种癌症，其中肺癌近 300 人，癌症发病率居全国第二位。最典型的一家有 7 人死于癌症，其中一人因癌致死时仅 30 岁。

小贴士

土壤污染治理措施

　　● 加强人们的环境教育，提高全民的环保意识，讲究卫生，提高自身的抗病能力；

　　● 促进土壤污染防治法规、准则和标准的制定与修改；

　　● 建立土壤环境污染、土壤质量变化监测与预警系统，制定土壤污染预防规划；

　　● 强化污水，固体废弃物和其他有毒物质排放的控制，改善煤气站、管道和储藏设备的安全，采取污染预防与控制各项有效措施；

　　● 实施污染土地休闲制度，当土壤污染发生时，就暂停、终止该污染土地的农业利用；

　　● 修复污染土壤，清洁灌溉系统，使之农业生产性能及其他功能得以复原。

小贴士

砷化物中的砒霜，即三氧化二砷，具有很强的毒性。它进入人体后能破坏某些细胞呼吸酶，使组织细胞不能获得氧气而导致人体死亡；还能强烈刺激胃肠黏膜，使黏膜溃烂、出血；亦可破坏血管和肝脏，并导致人体呼吸和循环衰竭而死亡。原湖南雄黄矿曾经是亚洲最大单砷矿，由于多年来开采雄黄矿以及炼制砒霜，当地土壤的砷污染极其严重，如今位于该区域内的鹤山村全村700多人中，有近一半的人都是砷中毒患者，因砷中毒致癌死亡的已有157人。

镉最严重的健康效应是对骨的影响，其机理可能是由于镉对肾功能的损害使肾中维生素 D_3 的合成受到抑制，影响人体对钙的吸收和成骨作用。20世纪60年代发生在日本富山县的骨痛病，其主要特征就是骨软化和骨质疏松。镉中毒对人体生殖系统和脑中枢神经系统功能有一定损伤，也有可能导致高血压、贫血、糖尿病，并可诱发前列腺癌、肾癌、骨癌等癌症病变。如广东韶关翁源县大宝山多金属矿区的上坝村是由镉污染导致的癌症村。

农药不仅引起急性中毒，其慢性作用的人群更加广泛，危害更具隐蔽性。大量的流行病学调查资料表明，农药污染与癌症、神经系统、生殖系统和新生儿缺陷有关。

● 土壤中的微生物对人体造成生物性危害

土壤中也会含有一定量的病原体，包括肠道致病菌、肠道寄生虫、钩端螺旋体、破伤风杆菌、霉菌和病毒等，主要来自人畜的粪便、垃圾、生活污水和医院污水等。用未经无害化处理的人畜粪便、垃圾做肥料，或者直接用生活污水灌溉农田，都会使土壤

受到病原体污染。病原体能在土壤中生存较长时间，如痢疾杆菌能在土壤中生存 22 ~ 142 天，结核杆菌能生存一年左右。被病原体污染的土壤能传播伤寒、副伤寒、痢疾、SARS、病毒性肝炎等传染病，而这些传染病的病原体随病人和带菌者的粪便及其衣物、器皿的洗涤水污染土壤，再通过雨水的冲刷和渗透，病原体又被带进地面水或地下水中，进而引起这些疾病的暴发流行。此外，还有些人畜共患的传染病或与禽有关的疾病，如禽流感，可通过土壤在禽间或人禽间传染。

● 土壤来自于核爆炸的大气散落物、核工业、科研以及医疗机构产生的各种废弃物等。核素进入土壤后，能在土壤中累积，进而对人体形成潜在威胁。

由核裂变产生的放射性核素 ^{90}Sr 和 ^{137}Cs 尤为重要。空气中的放射性 ^{90}Sr 可被雨水带入土壤中，因此土壤中含 ^{90}Sr 的浓度常与当地降雨量成正比，^{90}Sr 还能吸附于土壤的表层，经雨水冲刷后流入水体。土壤对 ^{137}Cs 的吸附性较强，也能在植物体内积累，导致高浓度的放射性 ^{137}Cs 进入人体，对人体造成损伤。

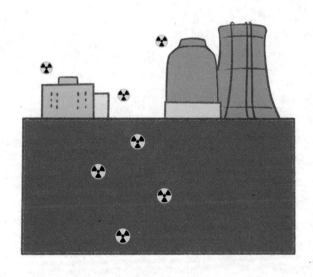

信息栏

大连市政府第十五届六十一次常务会议审议并通过《大连市土壤污染防治工作方案》（以下简称《工作方案》），标志着大连市完成了大气、水、土壤三大环境污染问题防治实施方案的"最后一块拼图"。《工作方案》提出了大连市土壤污染防治工作的10条33款，共112项

具体措施，每项工作都明确了牵头、配合部门及完成时限。《工作方案》明确，到2020年，大连市受污染耕地安全利用率要达到90%以上，污染地块安全利用率达到90%以上。

2017年大连市要重点推进大化集团原厂址等污染地块治理与修复，重点开展四项工作。

开展土壤污染状况详查，将以农用地和重点行业企业用地为重点，共同启动全市土壤污染状况详查工作。

实施目标责任制，2017年底前，各级人民政府与重点行业企业签订土壤污染防治责任书，明确相关措施和责任。

实施建设用地准入管理，对于拟开发利用的污染地块，未达到相应规划用地土壤环境质量要求的，禁止进行土地流转。

推动重点行业企业污染地块治理与修复。重点推进大化集团原厂址、松辽化工原厂址、瑞泽农药原厂址等污染地块治理与修复。

（四）噪声环境以及电磁辐射等污染

除大气、水、土壤之外，噪声环境以及电磁辐射等环境污染也对人体健康造成影响。如研究表明，长期处于 70 分贝噪音环境中，患心肌梗塞概率将会增加 30% 以上，在此环境中连续生活超过 10 年以上，患心肌梗塞概率将会增至 80%，就机场噪音而言，机场噪音每增加 5 分贝，受影响儿童的阅读理解"年龄"将会推迟发育 2 个月，认知能力将会推迟发育 1 ～ 2 个月；研究发现电磁辐射对学龄前儿童的智力发育有一定影响，特别是语言发育方面，同时还发现电磁辐射对学龄前儿童神经系统发育的影响主要表现在视觉反应，视觉记忆和听力记忆方面，此外电磁场暴露与儿童白血病发病具有显著的相关性。

据大连市 2015 年环境质量公报结果，大连市中心城区电磁辐射环境质量保持良好，环境电磁辐射电场强度监测值低于国家标准限值，全市环境 γ 辐射空气吸收剂量率实时连续监测结果无明显变化，处于大连市本底水平。

电磁辐射对健康的影响

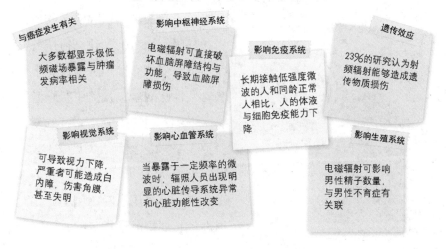

与癌症发生有关
大多数都显示极低频磁场暴露与肿瘤发病率相关

影响中枢神经系统
电磁辐射可直接破坏血脑屏障结构与功能，导致血脑屏障损伤

影响免疫系统
长期接触低强度微波的人和同龄正常人相比，人的体液与细胞免疫能力下降

遗传效应
23% 的研究认为射频辐射能够造成遗传物质损伤

影响视觉系统
可导致视力下降，严重者可能造成白内障，伤害角膜，甚至失明

影响心血管系统
当暴露于一定频率的微波时，辐照人员出现明显的心脏传导系统异常和心脏功能性改变

影响生殖系统
电磁辐射可影响男性精子数量，与男性不育症有关联

● 噪声造成的听觉系统影响

噪声首先对人体直接的影响就是影响听觉系统，对听觉系统造成的主要影响是从生理位移到病理的一个过程，当造成的损伤达到一定程度后就会造成永久性的听阈位移。暂时性的听阈位移包括：听觉适应、听觉疲劳，永久性的听阈位移包括：听力损失、噪声性耳聋、爆炸性耳聋。除此之外，噪声还可在听觉系统损伤、生理、生化以及代谢等多种因素的作用下造成耳蜗形态学的改变。

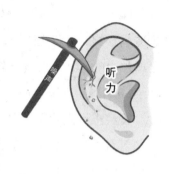

● 噪声造成的听觉系统外影响

噪声除了对听觉系统的影响外，对神经系统、内分泌系统、心血管系统也存在不同程度的影响。对神经系统的影响与噪声的性质、强度和接触时间有关，噪声反复长时间的刺激下，会对中枢神经产生损害，导致条件反射的异常，使得脑血管功能紊乱，从而产生神经衰弱综合征，出现头痛、头昏、耳鸣等不良表现，在强噪声的刺激下，引起呼吸、脉搏的加快，血压升高、心律不齐等症状。噪声可促使肾上腺皮质激素、性腺激素以及促甲状腺激素等分泌的增加，引起内分泌系统的变化。在对 1923 名噪声接触者的调查中发现，当噪声大于 90 分贝时有 26.23% 的人心电图改变，高血压患者比例明显比对照组增高，长期接触噪声者的心血管异常发生率较高。

● 电磁辐射影响中枢神经系统

中枢神经对电磁辐射具有很高的敏感性，以神经系统的障碍为主，主要体现为神经系统综合征，以头晕、头痛、疲劳乏力、失眠多梦、记忆力减退等最为常见，可诱发手足多汗、易激动、消瘦和脱发等症状，甚至出现肌肉萎缩症和帕金森症等。近年来有研究表明电磁辐射与阿兹海默症有一定的关系。

● 电磁辐射的致癌作用

2001年6月国际肿瘤研究中心将ELF电磁场定义为"可疑的人类致癌剂"。高强度的电磁波可能引起白血病、脑瘤、乳腺癌、消化系统癌症、皮肤癌以及眼部色素瘤等恶性肿瘤。美国、瑞典等国家对长期使用手机人群的研究发现，脑部肿瘤的发生有增多的趋势。

● 电磁辐射对生殖系统和子代的影响

流行病学研究表明，电磁场对生殖系统的影响主要表现在男性精子质量数量的下降，妊娠女性自发流产、早产、死产，新生儿出生缺陷、低体重、先天畸形等增多。

● 电磁辐射对心血管系统的影响

WHO（1987）认可了3～300赫兹、电流密度大于1000毫安／平方米的电磁场可能产生期外收缩和心室纤维颤动的说法。主要的报道有心率减慢、心区疼痛、心电图异常和心梗危险上升等。

● 电磁辐射对视觉系统、内分泌系统以及免疫系统的影响

高强度的电磁辐射可使得人眼晶状体蛋白凝固，轻者出现浑浊，严重者出现白内障甚至眼部黑色素瘤等，还能损伤眼角膜、虹膜和前房，导致视疲劳、眼干、眼不适、视力减退或完全丧失，根据美国退伍海军医疗状况对比，雷达工人的白内障发生率高于一般个体。就内分泌而言，短期的电磁辐射对内分泌系统可能具有兴奋效应，而长期大剂量的暴露则可能出现抑制作用。而免疫系统对于电磁波辐射较为敏感，可呈现双向反应，往往先呈现出刺激反应，而后才出现免疫抑制反应，在有些情况变化呈波浪形进展，国内学者报道过，人在150千瓦，4.5～18.0伏／米电磁场中，血液WBC吞噬能力明显降低。

小贴士

电磁污染防护措施

● 提高自我保护意识：重视电磁辐射可能对人体产生的危害，多了解有关电磁辐射的常识，学会防范措施，加强安全防范。

● 掌握常用电器辐射的防范措施：不要把家用电器摆放得过于集中；各种常用电器、办公设备不要长时间操作；使用电器，应保持一定安全距离；经常擦拭电器，清除灰尘；配备专业的电磁辐射防护产品。

● 注意饮食和生活习惯：每天喝 2~3 杯绿茶或菊花茶；多吃含维生素 A、维生素 C、维生素 E 和能增强机体抗病能力的食物；注意微量元素的摄入；加强锻炼，提高机体免疫力。

● 使用专业的电磁防护产品：服装、卡、玻璃、贴膜、屏、眼睛。

噪声污染防护措施

● 从声源源头上控制噪声，就是减小噪声源或者减小噪声源的强度，这是控制噪声最根本的办法。

● 控制噪声传播途径，可以在城市道路两旁设置绿化带或设置声障使交通噪声产生衰减，从而达到降低噪声的目的。

● 用吸声材料降低噪音强度，就是在房间悬挂吸声体，设置吸声屏，在天花板上或房间内壁装饰吸声材料，在室内设置吸声材料可减低 5~10 分贝在室内反射或混响声音。

● 用消声器来控制噪声，把消声器安装在机器设备的排气流通道上，就可以使机器设备噪声降低，一般可降低噪声 15~30 分贝。使人彻夜不眠的鼓风机，经过消声后，四周会像农村深夜一样安静。

● 用隔声的方法来控制噪声，隔声就是将噪声源与生产工人相互隔离开来，主要有隔声室、隔声罩和隔声屏障。

● 用隔振的方法来减小振动的强度，振动不仅产生噪声，而且直接影响工人的身体健康。

● 用阻尼的方法来控制噪声，阻尼材料摩擦消耗大，可使振动能量变成热能散掉，而辐射不出噪声。

● 个人防护噪声的危害，对接触噪声的人，采取个人噪声防护是减少噪声对人体危害的有效措施之一，当其他消声措施达不到要求时，操作工人可以戴耳塞、防声耳罩或防声帽，可降低噪声 10 ~ 20 分贝，防护听觉；可使头部、胸部免受噪声危害。

第三章 绿色消费

LVSE XIAOFEI

当今人类面临的环境问题与人类的消费模式息息相关。合理适度的消费模式不仅有利于经济的可持续增长还有利于环境保护与改善。理性消费反对无节制的消费方式，高消费对自然资源造成了巨大的消耗和环境污染，对生物的多样性造成威胁。理性消费倡导全民践行绿色消费，主动选择购买对环境有益和对健康无害的绿色产品。理性消费是对环境友好的体现，既满足了人类物质生活的需要，又有利于人类的持续生存与发展。

一、什么是绿色消费

绿色消费不仅对绿色产品的消费，而且指对一切无害或少害于环境的消费。绿色消费的产生暗示着一个社会的文化和文明的发展。发展绿色消费，培育绿色消费观念，使人们拥有科学、合理的消费意识，形成文明健康的消费方式，不仅有益于社会经济的可持续发展，还有益于培养人们良好的品德和崇高的精神境界，弘扬消费文明。绿色消费提倡把消费与自然融为一体，通过引导和规范消费行为，增强消费者的消费意识，提高其消费水平，改变消费模式，促进人的全面发展，实现人与自然互惠共生。绿色消费与公众的环境知识和环境情感程度有关。

"所谓绿色产品是对无害或较少有害的产品的统称，它有三层含义：一是指这些产品的生产工艺、生产过程不会破坏、污染环境（或对环境的破坏、污染较轻）；二是指这些产品在使用过程中或使用后不会破坏、污染环境（或对环境的破坏、污染较轻）；三是指这些产品是没有被污染（或污染较轻）的产品。"

北京地球村环境文化中心的创办人廖晓义女士吸收了国内外绿色同行的经验，将绿色消费绿色生活概括为 5R 现代时尚和 4S 传统价值：5R 现代时尚：生态平衡、适度消费（Reduce）；绿色认证、品质消费（Reevaluate）；废物减量、复用消费（Reuse）；垃圾回收、循环消费（Recycle）；修复自然、人文消费（Restore）。4S 传统价值：珍惜资源，俭约其行（Simplicity）；修身养性，高尚其志（Spirituality）；关爱生命，强健其身（Sporting）；天人合一，和谐其境（Sustainability）。

在国际上，绿色消费定义为 5R 原则：节约资源、减少污染（reduce）；绿色生活、环保选购（reevaluate）；重复使用、多次利用（reuse）；分类回收、循环再生（recycle）；保护自然、万物共存（rescue）。

综上所述，绿色消费包含如下内容：第一，选择购买和使用无污染的绿色产品；第二，产品在使用过程中所产生的废弃物对环境的污染程度小；第三，不选购那些大量浪费资源或使用后污染环境的商品等；第四，引导消费者转变消费理念，节约资源，保护环境。虽然国内外的学者对绿色消费的界定不同，但是倡导消费者关爱自然，节约资源，实现环境资源与消费可持续发展的理念是一致的。

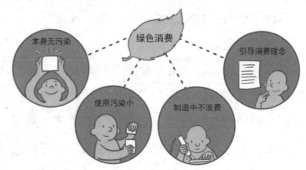

信息栏

大连市"十二五"期间改变发展方式，构建绿色产业体系、实施污染企业绿色改造、严格工业园区环境管理、打造循环经济产业链，推进绿色生产。发展战略性新兴产业，实施服务业优先发展，以高端农产品开发为重点，积极发展水产、畜牧、蔬菜、水果、花卉等优势特色产业，强化农业标准化建设，推进农业规模化、集约化经营，加快构建农村经营组织、农村科技支撑、农产品质量安全和农产品市场流通等体系，提升都市型现代农业综合发展水平。

同时，以供给侧结构性改革为抓手，坚决控制增量、优化存量。严格要素供给和投资管理，建立落后产能淘汰机制和落后产能提前主动退出的激励机制。加快传统产业技术升级改造，实施清洁生产，对生产过程与产品采取整体预防的环境策略，促进资源综合利用，减少废物和污染物产生。严格限制重污染、高耗能行业发展，建立环境准入负面清单制度。

强化源头控制，提高准入标准，严格限制工业园区数量。全面清理市级以下工业园区，对于设立3年以上未达到环境保护要求的，停止新增项目环评审批，并引导入园企业有序向重点园区转移。按照生态工业园区标准，加强现有重点园区的治理改造，加快园区环境基础设施配套，推进集中供热设施、污水集中处理设施及收集管网建设。落实园区规划环评，强化项目准入管理，入园项目应符合国家产业指导目录要求，采用清洁生产技术及先进的技术装备，对特征污染物采取有效治理措施，确保稳定达标排放。建立工业园区运行考核制度，开展绿色发展绩效评估。

以资源循环为重点，接通和延伸产业链，构建链式企业发展模式。积极推进大连循环产业经济区创建中日韩循环经济示范基地，打造中日韩循环经济产业合作、模式创新、技术交流的新平台。推进全市产业聚集区循环化发展，积极推进国家及市级循环经济试点建设。完善社会循环体系，推行生活垃圾分类，加快建设完整、先进的回收、分拣、加工、利用再生资源回收利用体系，实现减量化、资源化。积极实施餐厨废弃物无害化处理和资源化利用试点，推进建筑垃圾的资源化利用。到2020年，再生资源主要品种回收率达到90%以上。

二、绿色消费的特征

（一）绿色消费体现出一种全新的环境价值观

环境伦理学认为，生态系统中的每一个物种都有其独特的价值，是生态系统存在和发展的条件。一位学者曾经说过，如果没有人类，地球照样转；那么如果没有生物物种的存在，人类最多只能存活一个月。因此，人类有必要认清自己在自然界中的位置，审视自己的生活方式和行为，重新考虑人类与自然的关系。绿

色消费以道德为手段调节人与自然环境之间的关系，承认了自然界的内在价值。绿色消费倡导人类与自然和谐相处的理念，批判了以人为中心的传统的环境价值观，重新构建了一种崭新的非人类中心主义的环境价值观。

（二）绿色消费体现出一种社会公平性

自然资源是有限的，一些群体过度消费必然影响其他群体的消费需求。一代人的过度使用必然会影响后代人的消费需求。绿色消费要求国与国之间、民族与民族之间享有平等的权利开发利用自然资源；要求当代人与后代人享有平等的生存和发展的权利，当代人使用自然资源时要考虑后代人的利益均等。绿色消费是一种公正消费，它有利于解决世界范围内的消费不公；要求人类消费时，把维持整个人类长期生存的利益作为道德准则，确保自然资源能够使后代人持续生存下去。绿色消费不仅体现同代人之间的代内公平，而且体现当代人与后代人之间的代际公平。

三、绿色消费的意义

（一）缓解环境问题的严重性

绿色消费倡导消费者使用绿色无污染的产品。绿色产品从原材料的开采、产品加工、生产、消费、使用后废弃物的处理都是符合环保的要求。绿色消费一方面倡导消费购买未被污染的符合安全标准的绿色产品，反对浪费，主张资源回收与利用，要求人们节制物欲，使有限的自然资源得到节约和合理的使用；另一方面要求消费者注重对消费后垃圾的处理，要求人们能够进行垃圾分类，尽可量降低人们的消费活动对环境的影响。因此，绿色产品对环境是无害或少害的，有利于缓解环境问题的严重性，对环境的保护做出了贡献。

（二）提升公众的健康水平

绿色消费倡导消费者购买的绿色产品除了有益于环境之外还对人类的身体健康有益处。人生活在环境中，人类的生产和生活资料取之于自然，被污染的环境所生产出的资料也是被污染的，摄入身体里自然对健康造成威胁。随着现代工业革命的发展，维持人类生命活动的物质已变得越来越不安全。食品通过生产加工、储存和包装等环节，每一个环节都有受污染的可能，进而危害了人类的健康。绿色食品是无公害、无污染的食品，它在生产和消费的各个环节上减少污染，能提供给人类品质优良的食品，此产品被人们食用后能提升人类的健康。除了绿色食品之外，还有生态服装、节能家电、绿色家居等，因其无毒、无污染的特点则有助于提升公众的健康水平。

（三）转变社会生活方式

在消费主义时代，人们以高消费、多消费为自豪，这种"引以为傲"的消费方式不但超出了合理需求，而且对环境和自身的健康都造成了威胁。绿色消费倡导人类主动选择简朴、舒适、轻松的生活方式。在绿色消费观念的指导下，人类从高消费和高浪费的消费方式转变为以追求舒适为目标的生活方式，从而实现节约资源和能源。践行绿色生活很简单，如购买家电时，不再追求价格和样式，而是注重是否节能环保；选择食用绿色无污染的食品；穿棉质的衣服；绿色出行 135（1 公里步行，3 公里骑自行车，5 公里坐公交车）等。

绿色生活方式是当今的潮流，是随着科学技术进步和社会生产力发展的必然产物，是一种高质量的生活方式。选择绿色消费，转变生活方式，才是关爱自然的表现。

四、打造低碳生活——绿色出行

交通作为我国城市发展的一部分不仅促进经济的发展，更为居民的日常生活带来了便利。但与此同时，交通发展所引发的问题也随之凸显出来，导致城市环境污染和交通拥堵愈发严重。因此推广绿色出行实现城市的可持续性成为当务之急。

居民个人的心理、外在的环境以及居民个人特征都是影响和控制出行行为的重要因素。只有全面认识到对绿色出行行为造成影响的因素，理清其相互关系以及对出行行为的影响过程，掌握居民出行行为规律，才能采取有效的手段引导，培养居民的绿色出行行为。低碳生活（low carbon living），就是指生活作息时要尽力减少所消耗的能量，特别是二氧化碳的排放量，从而低碳，减少对大气的污染，减缓生态恶化。主要是从节电、节气和回收三个环节来改变生活细节。

（一）绿色出行的内涵

事实上，由于在不同的领域中或者是由于翻译的问题，绿色出行有一些不同的称呼，如低碳出行、绿色交通、低碳交通等。事实上，绿色出行并不是一种新的出行方式，而是随着社会发展需求应运而生的一种新型出行理念，是指在出行过程中主动选取低能耗、低排放、低污染的交通方式，体现了人类在交通运输领域实现与自然和谐共处的理念。

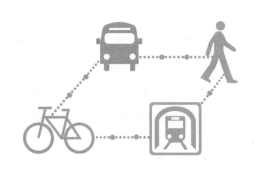

　　绿色出行是指采取相对环保的出行方式，通过碳减排和碳中和实现环境资源的可持续绿色出行利用和交通的可持续发展。汽车工业的发展为人类带来了快捷和方便，但同时，汽车的发展也引起了能源消耗和空气污染。

（二）绿色出行的特征

　　绿色出行就是采用对环境影响最小的出行方式。既节约能源、提高能效、减少污染、又益于健康、兼顾效率的出行方式。按照绿色出行的内涵，其应该具有如下特征：一是占用的资源少；二是造成的污染少。具体表现特征有三方面：

1. 协和性

　　可持续发展是绿色交通的基本目标，它实现的基础是交通系统与土地利用、环境保护等外部相关系统的协调共生。第一，与土地利用协调。土地利用与城市交通系统彼此影响。只有在早期的城市规划中引入绿色交通的概念，才能真正达到绿色交通的可持续发展目标，对公共交通系统而言尤为重要。如采用公共交通导向的

土地发展模式（TOD），既节约土地资源、利于环境保护，又方便居民出行。第二，与环境保护共生。对环境的关注使得步行、自行车交通等慢行交通以及 BRT 和轨道交通等公共交通在城市中成为受欢迎的出行方式。第三，公众参与机制。对于公众来说，发展城市绿色交通对其出行质量及生活质量影响密切，因而其更加注重的是人们自身的素质、思想及交通出行理念。

2. 可持续性

在自然资源与生态环境的承载能力下考虑人类的发展建设，不能超越其限度。

3. 系统性

从系统论的观点出发，人类和自然共同构成了一个复合系统，其中人类作为生命系统、自然作为支撑系统，这包含着一种对自然的新态度，倡导"人是自然的成员"这一现代生态文明发展方式。在观念上强调整体的持续发展即为绿色交通系统的整体性，它突出系统的功能互补，在扩展系统空间容量的同时，改善系统结构。

（三）绿色出行的意义

随着经济持续快速发展，城镇化、机动化进程加快，我国已成为汽车生产和消费大国。汽车是增长最快的温室气体排放源，全世界交通耗能增长速度居各行业之首。同时，汽车又造成噪声污染，破坏人体健康和生态环境。汽车数量的迅速增加使道路堵塞，导致低效率，使汽车原本应带来的快捷、舒适、高效无法实现。为了使公众更好地享受汽车带来的好处，需要引导城市居民合理规划私家车出行需求、倡导并践行"绿色出行"。

一辆公共汽车约占用3辆小汽车的道路空间，而高峰期的运载能力是小汽车的数十倍。它既减少了人均乘车排污率，也提高了城市效率。而地铁的运客量是公交车的7～10倍，耗能和污染更低。多乘坐公共汽车、地铁等公共交通工具，合作乘车，环保驾车，或者步行、骑自行车等。只要是能降低自己出行中的能耗和污染，就叫做绿色出行、低碳出行、文明出行等。

信息栏

　　大连市积极建设绿色交通体系。实施公交优先战略，合理控制机动车增长，实现机动车总量与路网密度动态匹配。完善路网、停车场布局，推广智能交通管理，让城市交通快起来，降低机动车污染排放强度。在重要生态功能区、风景名胜区等率先试行污染机动车禁行，积极探索重点区域、重点路段机动车限行措施。强化慢行交通系统建设，在交通限制区优先保障步行环境，在交通调控区保护合理慢行空间。提高新能源与清洁能源汽车比例，发展绿色航运，推广安全、环保、节能的绿色船舶。到2020年，城市公共交通机动化出行分担率达到70%以上；公交车、出租车、私家车中新能源与清洁能源汽车比例分别达到70%、70%和20%以上。

五、绿色居住

随着社会文明的不断发展，人类对于居住建筑的要求已经不单单只是满足居住和保暖要求了，同时也逐渐关注建筑的环保功能和生态要求，实现建筑的可持续发展，绿色居住建筑的设计理念也越来越深入人心。普通建筑普遍存在能源消耗高、资源浪费和污染环境等缺点，而绿色居住建筑以降低环境负荷，降低能耗且有利于居住者健康为设计理念，实现环境、能源和人类的可持续发展。本章将着重介绍和探讨绿色居住建筑中一些重要的设计设想。

（一）绿色居住的内涵

绿色居住是以生态（自然和人文）系统的良性循环为基本原则，运用生态系统的生物共生和

物质多级传递循环再生原理，应用系统工程方法和多学科的现代绿色科技成就，根据当地环境和资源状况，强调优化组合住区的功能结构，实现经济、生态和社会效益三结合的新型人类居住环境和建筑体系。它具有满足整体生活需求、高效和谐、自养自净、无废无污、节能节地、文脉延续等特征。

我国《绿色建筑评价标准》中对绿色建筑的定义是，"在建筑全寿命周期内，最大限度地节约资源（节能、节地、节水、节材），保护环境和减少污染，为人们提供健康、适用和高效的使用空间与自然和谐共生的建筑"。更直接的解释就是以消耗最少的能源、资源与环境损失来换取最好的人居环境的建筑。

（二）绿色居住的特征

绿色居住与资源可持续利用。绿色居住可通过更高绿化水平和更和谐的生态环境的营造、绿色建材的使用、垃圾的无害化处理以及对土地、水等自

然资源的节约可以有效地促进资源的可持续利用（黄洁 浙江大学）。具有如下特征：四节一环保：节地、节能、节水、节材、环境保护；舒适：室内环境质量，包括热环境、光环境、声环境、室内空气质量均达到标准，适合人居；低成本运行。

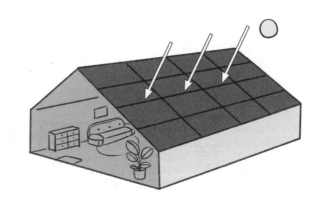

信息栏

　　大连市"十二五"期间加快美丽宜居乡村建设，大力推广绿色建筑。加强农村规划管理，保持自然与人文风貌。引导农房执行建筑节能标准，实施农房节能改造。完善农村交通绿廊建设，巩固农村生态安全屏障。强化农村饮水安全工程建设，完善供水设施。推进农村环境连片整治，鼓励各地区因地制宜，按照资源化、减量化原则，采取集中与分散相结合、农户自治与市场化运作相结合等方式，加快解决农村污水和垃圾问题。建立健全农村环境长效管护机制，提高农村公共服务均等化水平。到2020年，全市50%以上村镇达到县级以上文明村镇标准。

　　大力推广绿色建筑。加强建筑设计管理，突出建筑使用功能和节能、节水、节地、节材、环保要求。提高绿色建筑在城镇新建建筑中的比重，全市政府投资的项目、2万平方米以上的大型公建和保障性住房以及除瓦房店市、庄河市、长海县以外地区的新建民用建筑，全部执行绿色建筑标准。加强建筑节能运营管理，对用能水平超标的既有大型公共建筑和公共机构建筑实施节能改造，继续实施"暖房子"工程。推广装配式建筑和成品住宅，倡导在风景旅游区和生态住宅区等有条件的地区试点推行现代木结构建筑，减少建筑垃圾和扬尘污染。

第四章 公众对环境政策的参与
GONGZHONG DUI HUANJING ZHNEGCE DE CANYU

　　"绿色生活方式"主要通过倡导居民使用绿色产品，倡导民众参与绿色志愿服务，引导民众树立绿色增长、共建共享的理念，使绿色消费、绿色出行和绿色居住成为人们的自觉行动，让人们在充分享受绿色发展所带来便利和舒适的同时履行好应尽的可持续发展责任，实现自然、环保、节约、健康的生活方式。

　　倡导绿色、低成本的生活，建构绿色生活方式，逐渐使绿色生活成为大众化的主流选择。公众作为绿色生活方式的践行者，需要通过教育、宣传，使公众能够凭自己的生活理性合理有度地对生活方式进行自我选择，维护持续与当前社会保持良好适应的幸福生活。

　　尽管在全社会形成崇尚绿色生活的风气仍面临诸多困难，但令人可喜的是已经在全国各地涌现出很多社会反响好、基层群众普遍欢迎的推动绿色生活的有效做法和成功经验，"政府主导、企业主体、社团推进"的工作格局正逐步形成。

　　需要加强绿色生活的宣传教育，把绿色生活教育贯穿于社会生活的各个方面是国外绿色生活教育的一大特色。通过不露痕迹的方式使受教育者在无意识状态下、在潜移默化中受到熏陶和感染，培养绿色生活素养、实现绿色生活教育的目的。不仅专门开设绿色课程，更注重将绿色生活教育的理念渗透到各门专业课中，从而实现宽领域、跨学科、全方位的绿色生活教育，将专业知识的学习与绿色理念的引导融为一体，充分给予青少年自主参与和自我实践的机会，让青少年在社会现实生活中加深环境体验，认识到绿色、低碳、环保的重要意义。实践证明，这种带有休闲娱乐性质的绿色生活教育更容易被接受，起到的教育效果更显著。

绿色生活教育还应注重学校、家庭和社会的协调与配合，采取多种行政措施来培养和提供公民的绿色素养，在全社会营造一种有利于绿色生活方式养成的大环境。

依托环保教育课堂，以学生为本，以活动为载体，密切联系学生的实际生活、运用多种的活动形式和方法策略，开展更多更好的、符合不同学段学生年龄特征的环境教育实践活动，为环境科普教育实践活动更好地服务于学生、服务于社会而不断努力，相信环境保护科普教育的明天会更好。

同时，积极倡导绿色生活方式。加强绿色发展宣传教育，充分发挥新闻媒体作用，培育普及"绿色优先"的生态文化，将环境教育纳入国民教育体系和干部教育培训体系，在全社会树立绿色增长、共建共享理念。引导各级领导干部形成绿色思维，用新方法处理生态文明建设中的新问题。引导消费者在衣、食、住、行等方面自觉践行绿色消费。强化公共机构的带头示范作用，推进绿色办公，健全政府绿色采购制度。建立健全绿色消费长效机制，综合利用法律、行政、经济、市场、技术等手段，加快绿色技术成果转化应用，增加绿色产品和服务供给，鼓励绿色商品市场发展。

信息栏

让环境教育浸润校园文化

大连市郭家街小学倡导生活教育，培养低碳健康生活习惯

创新校本课程，将低碳生活理念引入课堂

早在 2011 年，郭家街小学就结合孩子们的实际生活，将健康、低碳、环保、绿色等理念相融合，首创了 1~6 年级"低碳生活"校本课程，并编写了教材。课程从衣、食、住、行四个方面入手，采取单元主题教学方式，将学生需要学习适应的能力、需要认知的事物，根据学生的年龄特点，按照螺旋上升的原则进行设计，分层次展开教学。

丰富多彩的课程内容，既让学生了解了与自己密切相关的生活环境、生活方式，同时也增加了他们的生活经验，开阔了视野。

树立"生活教育"教学理念，让环境教育悄然生根

在学校的布局和设计上，郭家街小学体现了生活教育与环境教育融合的理念。在"回"字形教学楼中央，巧妙地设计了一个天然生态园，既有人造湖泊，也有花鸟虫鱼等生物，充满生机。科普知识宣传栏、垃圾分类箱、卫生责任区、废品制作展览区，看似不经意的布局巧妙地将"生活教育"与"环境教育"相融合。

每学期，郭家街小学还会通过开展多种活动，让学生在实践过程中培养环保意识，如"低碳生活金点子"、"跳蚤市场"、"爱绿护绿在行动""小手拉大手，家校齐努力"、"我是节能环保志愿者"等活动。

学校环保教学的学生作品

科学技术篇

KEXUE
JISHUPIAN

第一章 我国环保产业发展现状
WOGUO HUANBAO CHANYE FAZHAN XIANZHUANG

一、应对水质危机——水污染防治技术

（一）饮用水安全保障

饮用水安全是国家公共卫生安全体系的重要组成部分，与人民身体健康和社会稳定息息相关。然而目前我国的饮用水安全形势却十分严峻。一方面是整体水源的污染，由于水质恶化等原因导致达到能作为饮用水水源的比例越来越低；另一方面是水质标准的提高。2006年我国颁布了新的《生活饮用水卫生标准》（GB 5749—2006），该标准相比1985年的标准，水质指标由35项增加至106项。在这种情况下，我国迫切需要积极应对水源污染，建立一套有效的饮用水安全保障技术体系。以下从饮用水安全的角度对现有的饮用水处理技术作一综述。

1. 预处理技术

预处理技术主要是指在常规工艺前面，采用适当的物理、化学或生物的处理方法，达到去除有机物、控制氨氮和藻类生长的目的。

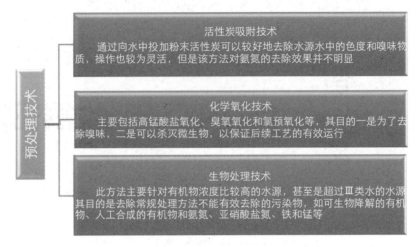

预处理处理技术分类

2. 常规处理技术

饮用水常规处理技术的主要去除对象是水源水中的悬浮物、胶体杂质和细菌。从具体工艺而言主要分为混凝、沉淀、过滤、消毒4个部分。

● 混凝

混凝的主要目标是去除原水中的浊度和有机物。目前我国采用的混凝剂大部分是聚合氯化铝。混凝包含混合和反应两个阶段，分别可采用水力和机械的方式进行混合和反应。

● 沉淀

目前国内采用的沉淀工艺主要有两种形式：平流沉淀池和斜板（斜管）沉淀池。由于斜板（斜管）沉淀池在运行过程中可能出现排泥不及时进而影响沉淀效果的问题，目前国内的企业，在占地面积允许的条件下，通常会更多地考虑平流沉淀池技术，从而保证良好的沉淀效果。

夏季的藻类污染问题是目前国内许多供水企业面临的重要困扰之一，因为常规的混凝沉淀工艺很难将藻类去除。近些年来新出现澄清池工艺对藻类有较好的去除效果，可以解决我国北方地区低温条件下混凝效果比较差的情况。

三道沟净水厂全景

● 过滤

由滤池、滤料和操作系统构成的过滤系统是供水工艺中保证出水浊度最重要的环节。具体到工艺而言，过去在我国普遍应用的普通快滤池、虹吸滤池、双阀滤池，都是采用水力反冲洗工艺，效果并不理想。目前国内基本上都应用 V 型滤池（包括翻板滤池等），它们采用的都是气水反冲洗工艺，反冲洗效果得到明显改善。

● 消毒

饮用水的微生物安全性问题始终是饮用水安全保障最核心的问题之一，而消毒是保障饮用水微生物安全的最关键和最后的屏障。目前我国最常用的消毒工艺是氯消毒。氯消毒的优点在于可以保持一定浓度的余氯，能在配水管网中持续杀菌，并提供监测依据。然而它的缺点是对原生动物，尤其是"两虫"（贾第鞭毛虫和隐孢子虫）的灭活效果较差，此外还能与水中有机物起反应，形成消毒副产物，其中一些具有"三致"作用。相对较新的消毒工艺是二氧化氯消毒，它能较好地保护配水管网免受污染。但是目前由于二氧化氯来源和成本方面的限制，这一消毒工艺在我国的使用还非常少。此外，臭氧消毒和紫外消毒也具有较好的发展前景。紫外消毒对细菌和原生动物的消毒效果较好，但是对病毒的消毒效果不够理想；相反，氯消毒则可以很好地灭活病毒和细菌。有了这两级屏障，就可以很好地保障出水的生物安全。

（二）废水处理与资源化

水污染治理的基本方法包括物理处理工艺、化学处理工艺、物理化学处理工艺和生物处理工艺。污水中污染物形态不同，需采用的净化处理方法不同。一般情况下，对悬浮态的污染物，可通过物理方法较快的去除；对于胶体态的污染物，用化学混凝、过滤等方法去除；而对于溶解态的污染物，生物降解处理方法效果较好。因此，根据不同的水污染形式可分别选用物理、化学、物理化学和生物处理等不同的方法。

1. 活性污泥法

活性污泥法系统已有上百年的历史，在污水处理领域占有相当重要的地位，但是也存在许多问题和缺陷，如占地多、能耗高、管理复杂等。新工艺系统的改善主要集中在提高充氧能力、增加混合液污泥浓度、强化活性污泥微生物的代谢功能。

近年来发展较成熟的新工艺包括：氧化沟工艺、AB 工艺、SBR 工艺、MBR 工艺等。

● 氧化沟工艺

我国从 20 世纪 80 年代以来也较多地开展了对氧化沟工艺的研究，并在多个城市设计建造了氧化沟污水处理厂。氧化沟是活性污泥处理工艺的一种变形工艺，一般不设初沉池，且通常采用延时曝气。其曝气池呈封闭的环形沟渠形，池体狭长，曝气装置多采用表面曝气器，污水和活性污泥的混合液在其中做不停的循环流动。

小贴士

什么是活性污泥?

活性污泥由细菌、真菌、原生动物和后生动物等各种生物和金属氢氧化物等无机物所形成的污泥状的絮凝物。有良好的吸附、絮凝、生物氧化和生物合成性能。

向生活污水注入空气进行曝气,并持续一段时间以后,污水中即生成一种絮凝体。

这种絮凝体主要是由大量繁殖的微生物群体所构成,它有巨大的表面积和很强的吸附性能,称为活性污泥。

将活性污泥进行沉降分离,上清液出水达标排放,污泥进行回流,剩余污泥排放。

氧化沟系统的基本构成包括:氧化沟池体、曝气设备、进出水装置、倒流和混合装置及附属构筑物。氧化沟的核心之一是氧化沟池体,常用的典型氧化沟池体有 Carrousel 氧化沟、Orbal 氧化沟、交替工作氧化沟等。

氧化沟

● AB 工艺

AB 法污水处理工艺是 20 世纪 70 年代由联邦德国亚琛工业大学的教授在传统的两段活性污泥法（初沉池＋活性污泥曝气池）和高负荷活性污泥法基础上提出的一种新型的超高负荷活性污泥法——生物吸附氧化法，AB 工艺是德文的简称，该工艺不设初沉池，由 A 段和 B 段两级活性污泥系统串联组成，并分别有独立的污泥回流系统。AB 工艺其突出的优点是 A 段负荷高，抗冲击负荷 能力强，特别适用于处理浓度较高、水质水量变化较大的污水，AB 法自问世以来发展很快，目前，国内已有多个城市污水处理厂采用 AB 法工艺。

● SBR 工艺

间歇式活性污泥法又称为序列间歇式（或序批式）活性污泥法 (Sequencing Batch Reactor, SBR)，其运行工况是以间歇操作为主要特征的。所谓序列间歇式有两种含义：

▶ 运行操作在空间上是按序排列的、间歇的。间歇反应器至少为两个池或多个池，污水连续按序列进入每个反应器，它们运行时的相对关系是有次序的，也是间歇的。

▶ 对于每一个 SBR 来讲，运行操作在时间上也是按次序排列的、间歇的，一般可按运行次序分为进水、反应、沉淀、排水和闲置阶段。

2. 生物膜法

生物膜法和活性污泥法一样都是利用微生物来去除废水中各种有机物的污水处理工艺。生物膜是指附着在惰性载体表面上生长的，具有较强的吸附和生物降解性能的结构，以微生物为主（包含其产生的胞外多聚物和吸附在微生物表面的无机及有机物等组成），其中提供微生物附着生长的惰性载体称为滤料或填料。生物膜法是模拟了自然界中土壤自净的一种污水处理法，它使微生物群体附着于固体填料的表面，形成生物膜。当废水流经新设置的滤料表面，游离态的微生物及悬浮物通过吸附作用附着在滤料表面，构成了生物膜。随着污水的流入，微生物不断生长繁殖从而使生物膜逐步增厚，经过 10～30 天，就可形成成熟的工作正常的生物膜。生物膜一般呈蓬松的絮状结构，微孔较多，表面积很大，因此具有很强的吸附作用，有利于微生物进一步对这些被吸附的有机物的分解和利用。当生物膜增厚到一定程度，将受到水力的流刷作用而发生剥落。适当的剥落可使生物膜得到更新。生物膜的外表层的微生物一般为好气菌，因而称好气层。内层因受氧扩散的影响而供氧不足，因而使厌氧菌大量繁殖形成厌氧层。

生物膜法有生物滤池、生物转盘、生物接触氧化法、好氧生物流化床四种类型。其中，生物滤池又包括普通生物滤池、高负荷生物滤池、塔式生物滤池等几种类型。

生物膜法的优点是：微生物多样化，生物的食物链长，有利于提高污水处理效果和单位面积的处理负荷；优势菌群分段运行，有利于提高微生物对有机污染物的降解效率和增加难降解污染物的去除率，提高脱氮除磷效果；对水质、水量变动有较强的适应性，耐冲击负荷力增强；污泥沉降性能好，易于固液分离，剩余污泥产量少，降低了污泥处理费用，进而降低投资费用适合低浓度污水的处理；易于维护，运行管理方便，耗能低。

3. 中水回用技术

中水回用是指以污水处理厂的尾水为原水，经进一步处理后达到国家回用水标准，可以在一定范围内重复使用的非饮用的杂用水、其水质介于上水和下水之间。

中水开发与回用技术近期得到了迅速发展，在美国、日本、印度、英国等国家（尤以日本为突出）得到了广泛的应用。这些国家均以本国度、区域的特点确定出适合其国情国力的中水回用技术，使中水回用技术越来越臻于完善。在我国，这一技术已受到各级政府及有关部门重视并对建筑中水回用做了大量理论研究和实践工作，在全国许多城市如深圳、北京、青岛、天津、太原等开展了中水工程的运行并取得了显著的效果。

专栏

大连市的中水回用工程

2003年，大连市最大的中水回用工程——大连开发区中水回用工程正式运行。

大连开发区中水回用工程采用从美国引进的先进生物膜技术，以大连开发区污水处理厂二级排放水为水源，生产工业用水，其水质经检测达到或优于国家工业用水的水质标准。大连开发区管委员会为支持该项目，投资2000多万元建设输配水管网及配套设施，目前竣工的供水管线长达15千米，可日供中水3万余吨。

通过专门的管道，工业用中水送到了大连西太平洋石化公司炼油厂、鞍钢新轧蒂森克虏伯轧板厂、振鹏工业园区等用水大户，从而使大连开发区的中水回用率达到40%以上。这标志着大连污水处理上升到一个新的高度，由达标排放走向中水回用，而且中水用途更加广泛，由绿化、保洁、建筑用水等向工业冷却水、锅炉用水等工业用水深化。

这是中国首次尝试以城市污水为水源，进行高品质工业冷却水的生产。该项目的投产使大连开发区的污水回用率将达40%，不但实现了城市污水治理由治理排放型向治理回用型的转变，而且为大连开发区的企业用水提供了充分保障，大大缓解了供水紧张状况。

中水回用设备

（三）水体面源污染控制

水体面源污染即引起水体污染的排放源分布在广大面积上。与点源污染相比，它具有很大的随机性、不稳定性和复杂性，受外界气候、水文条件的影响很大。可分为城市面源污染和农业面源污染两大类。

1. 城市面源污染控制

城市面源污染主要是由降雨径流的淋浴和冲刷作用产生的，城市降雨径流主要以合流制形式，通过排水管网排放，径流污染初期作用十分明显。特别是在暴雨初期，由于降雨径流将地表的、沉积在下水管网的污染物，在短时间内，突发性冲刷汇入受纳水体，而引起水体污染。据观测，在暴雨初期（降雨前 20 分钟）污染物浓度一般都超过平时污水浓度，城市面源足引起水体污染的主要污染源，具有突发性、高流量和重污染等特点。

城市面源污染可以通过加强城市环境管理如城市垃圾的处理、清扫地面道路等措施进行控制，此外还可以通过以下工程措施进行控制。

● 植被控制

植被控制是利用地表植被对径流中污染物进行分离的措施，它能够将污染物在径流输运的过程中分离出来，以达到保护水体的目的。地表的植被不仅可以减少径流的速度，过滤沉积物，还可以提高土壤的抗侵蚀性，减少径流对土壤的侵蚀。研究表明，地表植被去除污染物的机理包括吸附、沉淀、过滤、生物吸收等。草是植被控制最常用的植物，它的去除效率是比较高的，另外草的种类、密度、形状、结构等均影响到污染物的去除效率。

● 渗滤系统的建设

这是一种将污染水流暂时存储起来的措施，通常包括渗坑、渗井等，主要去除可溶解的污染物，去除机理是过滤、颗粒物吸附和离子交换等几种系统，可以单独使用，也可以与其他的方法结合使用。最近比较流行的是多孔路面，可以有效地去除径流水中溶解物和颗粒物。多孔路面最高可以去除 92% 的碳氢化合物和 85% 的悬浮物，但是这种路面易堵塞，需要经常维修。

● 湿地滞留系统

湿地去除污染物的机理有沉淀、截留、生物吸附等，不仅可以去除颗粒悬浮物，还可以去除可溶性污染物等。湿地系统有天然湿地和人工湿地，由于天然湿地一般不会出现在可利用的位置，所以人工湿地则显得尤为重要。湿地是一种高效的控制城市径流污染的措施，它有效地减少径流，有良好的去除污染物的能力。研究指出，城市径流在湿地中停留 24 小时，悬浮物及其上面的污染物的去除效率可以达到 90%，如果停留 72 小时，去除率可以达到95%，在美国的佛罗里达州，已经建立了许多处理城市径流污染的湿地。一般情况下，湿地对于城市径流产生的 BOD，总悬浮固体及其总氮的去除效果很好，去除效率 60% ~ 85%。但是，人工湿地是一项复杂的系统，不同的地理位置、气候、水流等均影响污染物的去除效率，这些因素是在建设湿地过程中应当考虑的。

大连龙湖湿地

大连前关湿地

专栏

大连海绵城市建设方案落地 加速城市水生态修复

海绵城市是构建尊重自然、顺应自然、保护自然生态城市的重要理念和方向，是实现雨水自然积存、自然渗透、自然净化的城市发展方式，是实现生态文明建设的重要措施和载体。

"海绵城市"的国际通用术语为"低影响开发雨水系统构建"，指的是城市像海绵一样，遇到有降雨时能够就地或者就近"吸收、存蓄、渗透、净化"径流雨水，补充地下水、调节水循环，在干旱缺水时有条件将蓄存的水"释放"出来并加以利用，从而让水在城市中的迁移活动更加"自然"。

近年来，我国部分城市遭遇"内涝成海"的尴尬。年年暴雨，年年内涝，中国城市似乎陷入"治水方式"之困，而打造"海绵城市"则提供了一种从"末端治理"转向"源头治理"的智慧治水新思路。

2016年，大连市为贯彻落实国务院、省政府关于海绵城市建设工作部署，全面推进大连市海绵城市建设，加快修复城市水生态、涵养水资源，增强城市防涝能力，扩大公共产品有效投资，提高新型城镇化质量，促进人与自然和谐发展，结合本市实际，制定印发了《大连市海绵城市建设工作方案》。

根据方案，大连将推进海绵城市基础设施建设，改变雨水快排、直排的传统做法，增强道路绿化带对雨水的消纳功能，在非机动车道、人行道、停车场、广场等扩大使用透水铺装，推行道路与广场雨水的收集、净化和利用，减轻对城市排水系统的压力。通过海绵城市建设，综合采取"渗、滞、蓄、净、用、排"等措施，最大限度地减少城市开发建设对生态环境的影响

2. 农业面源污染控制

农业面源污染主要来源是农村居民生活废物，包括农业生产过程中不合理使用而流失的农药、化肥、残留在农田中的农用薄膜和处置不当的农业畜禽粪便、恶臭气体以及不科学的水产养殖等产生的水体污染物。它产生的危害链可以说是很长很广，会导致土壤污染严重，耕地质量下降，造成水体富营养化，水质安全降低；使农产品质量下降，食物链和经济链受到影响；村落卫生环境差，危害人体健康；使污染事故发生频率增加，损失增大。

根据农业面源污染的原因和特点，其治理和管控措施有以下几点：

● 大力推广测土配方，提高化肥的有效利用

测土配方施肥应该说是最科学合理的施用肥料，按"缺什么补什么"思路进行施肥指导，既可以保证肥料最高利用率，充分发挥肥料的效益，又可以在保证作物正常生长的情况下，最低限度地使用化肥，避免浪费和污染。

● 推广农作物病虫害绿色防控技术

推广高效、低毒、低残留农药和先进施药机械，禁止使用高毒高残留农药。例如使用生物药物（如我国农村使用的性引诱剂）进行病虫害的防治，既实现了高效杀虫治病又保证了无毒无残留，可以说是以后的发展趋势。

● 农作物秸秆综合利用

通过秸秆还田，可以补充土壤养肥，培肥地力，避免浪费和污染，实施免耕覆盖沃土技术、堆沤发酵或过腹还田等方式处理农作物秸秆。推广稻田秸秆覆盖连续免耕技术，实施秸秆还田，增施有机肥，提高土壤肥力，逐步提高秸秆能源化利用水平，或者通过利用秸秆进行生物发酵产生沼气等干净能源。

● 农田废弃物收集处理

开展农村生活垃圾处理设施的基础建设加快农村生活垃圾的资源化进程，提出资源循环利用的方案。将化肥、农药、除草剂等农业投入品包装袋（瓶）和地膜、塑料、育秧盒等废弃物集中分类收集、处理。

● 按农产品质量安全标准化管理

制定化肥和有机肥的质量标准等相关标准，发展无公害农产品和绿色食品。同时在农业发展规划中引入农业环境评价体系和循环经济的概念和方法。

● 加强宣传引导

一是加强面源污染危害和原因的宣传，开展农村面源污染倡议活动，增强全民生态环境意识与参与意识；二是加强农民专业技术组织的建设，发展农业种植业专业户，提高种植业效益，促进农业技术推广和应用，并启动面源污染控制新技术的研究和示范。

● 加强人才引进和技术更新

引进相关专业技术人员和最新技术，同时通过农民专业技术组织促进农业生产技术推广，并且要拓宽农民的培训方式，使农业环保技术和手段在全镇遍地开花。

专栏

美丽乡村开始在大连遍地开花

多年以来，大连市农村一些地方由于缺少必要的基础设施，"污水靠蒸发、垃圾靠风刮"的问题非常突出，脆弱的农村生态环境承受着巨大压力，尤其是污水下渗、垃圾随雨水进入河道和水库，对城市居民的饮水安全构成了威胁。

2012 年，环保部、财政部将大连纳入全国农村环境连片整治示范范围，总计 640 个行政村被纳入整治示范范围。大连市环保局督促县乡政府建设村级垃圾收集点，购置各种类型垃圾收集车，建设乡镇垃圾转运站，在农村地区逐步建立起"村收集、镇转运、县处理"的生活垃圾收运体系。因地制宜建设集中或分散式的污水处理设施，解决重点区域的生活污水污染问题。

山体青葱流水清净，村路整洁屋舍俨然，仿佛"村庄里的都市"；垃圾定点存放清运率达 100%，污水被收集进入处理站……这是现在普湾新区炮台街道小刘村呈现的场景。

2012年，普湾新区炮台街道19个行政村首批被纳入大连市农村环境连片整治示范项目，先后投资2亿多元，重点开展农村生活污水、垃圾治理项目建设，建立了农村生活垃圾收集体系。示范项目区域内生活垃圾定点存放清运率达到100%。

连片整治，造福乡村。当近六万村民从中受益，环保已经和广大农民生活的幸福指数紧紧相连。

2016年6月，炮台街道农村环境连片整治荣膺"大连市十佳环境治理工程"。

为保证农村环境基础设施长期发挥作用，在大连市环保局主导下，为全市包括纳入连片的640个行政村在内的907个行政村配备了农村环保员，协助各级环保部门做好农村环保基础设施运行情况以及农村环境状况的监督。

2016年是大连市农村环境连片整治工作的收官之年，美丽乡村在大连遍地开花。

（四）水体修复

水体修复技术一般可分为水体物理修复技术、水体化学修复技术和水体生物修复技术。目前研究和应用较多的一般以水体生物修复技术为主，物理和化学修复技术为辅。

1. 物理方法

引水稀释和底泥疏浚是较为常用的水体物理修复方法。引水稀释就是通过工程调水对污染水体进行稀释。使水体在短时间内达到相应的水质标准。该方法能激活水流，增加流速，使水体中 DO 增加，水生微生物、植物的数量和种类也相应增加，从而达到净化水质的目的。

底泥疏浚是指对整条或局部沉积严重的河段、湖泊进行疏浚、清淤、恢复河流和湖泊的正常功能。水体物理修复技术存在暂时性、不稳定性以及治标不治本等缺点。

2. 化学方法

通过化学手段处理被污染水体达到去除水体中污染物的一种方法。如湖泊酸化可投加生石灰，抑制藻类大量繁殖可投加杀藻剂，除磷可投加铁盐等。化学修复技术具有费用高、易造成二次污染等缺点。

3. 生物方法

目前已经开发出多种有关污染水体生物修复的技术，从生物的选择和培养应用上，可分为直接投加微生物技术、培养微生物技术和高等生物修复技术；按照工程实施的方式来分，主要有原位修复技术、异位修复技术和原位异位联合修复技术。与传统的化学、物理处理方法相比，生物修复技术具有修复时间短、就地处理操作简单、对周围环境的干扰少、所需资金少、一般只为传统的物理化学方法的 30% ~ 50%、不产生二次污染、遗留问题少等特点。生物修复是未来水体修复的重点发展趋势。目前应用较多的生物修复技术有固定化细菌技术、河道内曝气结合高效微生物处理修复技术、生态浮床技术、卵石床生物膜技术、氧化塘技术、生物过滤技术、人工湿地技术等。

（五）水质分析与监测

监督性监测是环境保护部对国家重点监控污水处理厂监管的一项重要措施。监督监测结果能反映各个污水处理厂的处理效果，是环保等部门了解污水处理厂运行状况、拨付运行费用以及执行污水超标排放处罚的主要依据。

专栏

国家重点监控企业污染源监督性监测及信息公开

环境保护部于 2013 年 7 月颁布了《国家重点监控企业自行监测及信息公开办法（试行）》及《国家重点监控企业污染源监督性监测及信息公开办法（试行）》，标志着国家重点监控企业自行监测并公开环境信息的制度在我国已逐步确立。

各级环境保护主管部门对污染源监督性监测及信息公开工作实施统一组织、协调、指导、监督和考核。环境保护主管部门所属的环境监测机构实施污染源监督性监测工作，负责收集、填报、传输和核对辖区内的污染源监督性监测数据，编制监测信息、监测报告等。

环境监测机构应严格按照环境监测质量管理有关规范对污染源监督性监测数据执行三级审核制度。环境监测机构对污染源监督性监测数据的真实性、准确性负责，环境保护主管部门不得行政干预。

环境监测机构及时向环境执法机构提供污染源排放数据，环境执法机构及时向环境监测机构提供企业污染物不外排、企业停产或永久性关停等信息。

污染源监测信息应当依法公开。各级环境保护主管部门负责向社会公开本级及下级完成的国家重点监控企业污染源监督性监测信息。公开信息内容主要包括：

● 污染源监督性监测结果，包括污染源名称、所在地、监测点位名称、监测日期、监测指标名称、监测指标浓度、排放标准限值、按监测指标评价结论；

● 未开展污染源监督性监测的原因。

● 国家重点监控企业监督性监测年度报告。

国务院环境保护主管部门适时公布污染物排放超过国家或者地方排放标准、污染严重的国家重点监控企业的污染源监督性监测信息。

按国家要求，大连市每月月初对 16 家国家重点监控污水处理厂进行监督性监测，其中入水口监测项目包括化学需氧量、总磷、氨氮、总氮、流量 5 项，出水口监测项目包括化学需氧量、生化需氧量、悬浮物、氨氮、pH、总磷、动植物油、石油类、阴离子洗涤剂、总氮、色度、粪大肠菌群、烷基汞、总汞、总镉、总铬、六价铬、总砷、总铅、水温、流量等 21 项。监测结果同时上报省环保厅和环保部。

二、呼唤蓝色天空——大气污染综合治理技术

（一）烟气排放控制

大连市开展脱硫脱硝除尘升级改造工作

1 烟气脱硫

煤炭、石油、天然气等燃料中含有大量的有机与无机硫，大气中 SO_2 的排放主要来自燃料的燃烧。其中煤燃烧释放出的 SO_2 占总排放量的三分之二，因而在燃烧过程中控制产生 SO_2 是能源工业中非常重要的问题。

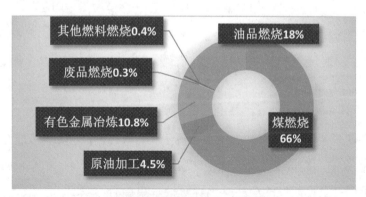

其他燃料燃烧0.4%　油品燃烧18%

废品燃烧0.3%

有色金属冶炼10.8%　煤燃烧 66%

原油加工4.5%

不同排放源所排放 SO_2 的比例

随着工业的发展和人们生活水平的提高，对能源的渴求也不断增加，燃煤烟气中的 SO_2 已经成为大气污染的主要原因。减少 SO_2 污染已成为当今大气环境治理的当务之急。不少烟气脱硫工艺已经在工业中广泛应用，其对各类锅炉和焚烧炉尾气的治理也具有重要的现实意义。

烟气脱硫（FGD）是工业行业大规模应用的、有效的脱硫方法。按照硫化物吸收剂及副产品的形态，脱硫技术可分为干法、半干法和湿法三种。

● 干法脱硫

干法脱硫工艺主要是利用固体吸收剂去除烟气中的 SO_2，一般把石灰石细粉喷入炉膛中，使其受热分解成 CaO，吸收烟气中的 SO_2，生成 $CaSO_3$，与飞灰一起在除尘器收集或经烟囱排出。湿法烟气脱硫是采用液体吸收剂在离子条件下的气液反应，进而去除烟气中的 SO_2，系统所用设备简单，运行稳定可靠，脱硫效率高。干法脱硫的最大优点是治理中无废水、废酸的排出，减少了二次污染；缺点是脱硫效率低，设备庞大。

● 半干法烟气脱硫

半干法烟气脱硫是以水溶液或浆液为脱硫剂，生成的脱硫产物为干态的脱硫工艺。半干法兼有干法与湿法的一些特点，是脱硫剂在干燥状态下脱硫、在湿状态下再生（如水洗活性炭再生流程）或者在湿状态下脱硫、在干状态下处理脱硫产物（如喷雾干燥法）的烟气脱硫技术。特别是后者，既有湿法脱硫反应速度快、脱硫效率高的优点，又有干法无污水废酸排出、脱硫后产物易于处理的优点。典型工艺有喷雾干燥法和吸着剂喷射法。

● 湿法烟气脱硫

湿法烟气脱硫是采用液态吸收剂洗涤烟气，经化学反应吸收烟气中的 SO_2，该技术的关键是脱硫剂的选择和脱硫塔的结构设计。

当前世界上已开发的湿法烟气脱硫技术主要有石灰石－石膏湿法、双碱法、氧化镁法及氨法等。据国际能源机构煤炭研究组织调查表明，湿法烟气脱硫占世界安装烟气脱硫的机组总容量的 85%，其中石灰石法占 36.9%，其他湿法烟气脱硫技术约占 48.3%。湿法脱硫优点是所用设备比较简单，操作容易，脱硫效率高；缺点是脱硫后烟气温度较低，设备的腐蚀较干法严重。

脱硫技术一直是环境保护工作中一个令人关注的重要课题。主流的脱硫工艺今后仍将被国内外广泛应用。受技术条件及经济成本的制约，石灰石 - 石膏湿法、喷雾干燥工艺是适合各种脱硫要求的首选工艺。而电子束法和海水脱硫等工艺因处于试验研究阶段或者应用地域受到限制，所以市场份额有限，但在局部地区将有所发展。CFB-FGD 会成为今后焚烧烟气脱硫重要的技术手段之一。此技术在国外已成功商业化，市场前景看好。

2. 烟气脱硝技术

烟气脱硝，是指把已生成的氮氧化物（NO_x）还原为 N_2，从而脱除烟气中的 NO_x。目前通行的烟气脱硝工艺大致可分为干法、半干法和湿法三类。其中干法包括选择性非催化还原法（SNCR）、选择性催化还原法（SCR）、电子束联合脱硫脱硝法；半干法有活性炭联合脱硫脱硝法；湿法有臭氧氧化吸收法等。

● SCR 脱硝

选择性催化还原法（Selective Catalytic Reduction，SCR）是指在催化剂的作用下，利用还原剂（如 NH_3、液氨、尿素）来"有选择性"地与烟气中的 NO_x 反应并生成无毒无污染的 N_2 和 H_2O。首先由美国的 Engelhard 公司发现并于 1957 年申请专利，后来日本在该国环保政策的驱动下，成功研制出了现今被广泛使用的 V_2O_5/TiO_2 催化剂，并分别在 1977 年和 1979 年在燃油和燃煤锅炉上成功投入商业运用。SCR 技术对锅炉烟气 NO_x 控制效果十分显著、技术较为成熟，目前已成为世界上应用最多、最有成效的一种烟气脱硝技术。合理的布置及温度范围下，可达到 80% ~ 90% 的脱除率。

SCR 法的优点是 NO_x 脱除效率高，SCR 法一般的 NO_x 脱除效率可维持在 70% ~ 90%，是一种高效的烟气脱硝技术；二次污染小，SCR 法的基本原理是用还原剂将 NO_x 还原为无毒无污染的 N_2 和 H_2O，整个工艺产生的二次污染物质很少；技术较成熟，应用广泛，SCR 烟气脱硝技术已在发达国家得到较多应用。如德国，火力发电厂的烟气脱硝装置中 SCR 法大约占 95%。在我国已建成或拟建的烟气脱硝工程中采用的也多是 SCR 法。SCR 法的缺点是投资费用和运行成本高。

.● SNCR 脱硝

选择性非催化还原法（Selective Non-Catalytic Reduction，SNCR）技术是一种不用催化剂，在 850 ~ 1100℃范围内还原 NO_x 的方法，还原剂常用氨或尿素，最初由美国的 Exxon 公司发明并于 1974 在日本成功投入工业应用，后经美国 Fuel Tech 公司推广，目前美国是世界上应用实例最多的国家。

该方法是把含有 NH_x 基的还原剂喷入炉膛温度为 850 ~ 1100℃的区域后，迅速热分解成 NH_3 和其他副产物，随后 NH_3 与烟气中的 NO_x 进行 SNCR 反应而生成 N_2。

典型的 SNCR 系统由还原剂储槽、多层还原剂喷入装置以及相应的控制系统组成。它的工艺简单，操作便捷，尤其适用于对现役机组的改造。又因它不需要催化剂床层，只需要对还原剂的储存设备和喷射系统加以安装，因而初始投资相对于 SCR 工艺来说要低得多。SNCR 烟气脱硝技术的脱硝效率一般为 25% ~ 35%，且大都用作低 NO_x 燃烧技术后的二次处置。

● 电子束氨法烟气脱硝

目前，电子束氨法（EA-FGD）烟气脱硝技术是我国的核心技术，代表了我国烟气脱硫技术未来的发展方向。这项技术在我国环保领域很受重视，目前，很多环保企业都在运用这项技术。该技术利用电子加速器产生的电子束辐照含二氧化硫和氮氧化物的烟气，同时投加氨脱除剂，实现对烟气中二氧化硫和氮氧化物脱除。EA-FGD 技术实现了硫氮资源的综合利用和自然生态循环。

EA-FGD 技术的特点是：

▶ 不产生废水、废渣等二次污染物，避免了其他脱硫技术处理废水和固体废弃物的建设投资和运行费用。

▶ 高效率脱硫脱硝一体装置，能同时脱除烟气脱销工艺中 95% 以上的二氧化硫和高达 70% 的氮氧化物，无须另建脱除氮氧化物的装置，节省占地。

▶ 是一种较为经济的烟气脱硫脱硝方法，更适用于高硫煤机组脱硫，煤炭含硫量越高，运行费用越低。如果计算副产物收益及使用高硫煤节约费用，其运行费用极低甚至可以抵销运行费用。

▶ 副产物是硫酸铵和硝酸铵，可用作优质化肥，实现了氮硫资源的综合利用和自然生态循环。

▶ 烟气变化的负荷跟踪能力强，能在数分钟内自动调整装置系统的工作状态，满足电站调峰和机组工况变化范围宽等情况的需要。

● 活性炭吸附脱硝法

20 世纪 70 年代发展起来的采用活性炭法脱除废气中的硫脱硫技术，与传统的脱硫技术相比，炭法烟气脱硫技术有着多方面的优点：脱硫剂消耗少，能重复利用，有利于节约原料，降低运行成本；脱硫产物能回收；工艺比较简单，易于操作；不存在二次污染问题。

炭法脱硝的材料主要是活性炭，以含炭材料来制备，果壳、木屑等原料由于质地疏松，有利于活化剂的进入，因此反应性能好，制得的活性炭比表面积大、微孔容积发达、吸附性能好。但这类原料的成本较高、资源有限，因此人们开始将注意力转向储量丰富、价格低廉的煤炭。但由于煤的形成受很多因素的影响，不同地区的煤组成、性质都有所差别，因此制成的活性炭孔结构及吸附性能各不相同：煤的变质程度越低，挥发分含量越高，制成的活性炭脱硫效果越好。对于煤炭，无烟煤的变质程度和石墨化程度都最高，烟煤次之，褐煤的变质程度和石墨化程度最低，所以近几年来大多数研究者都以褐煤或烟煤为原料经热解活化来制备活性炭。豫新水业研究人员发现，若将性能迥异的两种煤制各活性炭，既能保证单种煤制各活性炭的性能，又可使其吸附性能得到相互弥补。除此之外，各种以废弃物为原料制成活性炭的技术也得到了广泛的关注，例如各种食品废渣、农副产品废料、活性污泥、废旧轮胎等。

3. 恶臭气体处理

工业生产、市政污水、污泥处理及垃圾处置设施等是恶臭气体的主要来源。恶臭气体主要产生在污水处理过程中的排污泵站、进水格栅、曝气沉沙池、初沉池等处，污泥处理过程中的污泥浓缩、脱水干化、转运等处，垃圾处理过程中的堆肥处理、填埋、焚烧、转运等处，以及化学制药、橡胶塑料、油漆涂料、印染皮革、牲畜养殖和发酵制药等相应的产生源处。不同的处理设施及过程会产生各种不同的恶臭气体。恶臭物质种类繁多，来源广泛，对人体呼吸、消化、心血管、内分泌及神经系统都会造成不同程度的毒害，其中芳香族化合物如苯、甲苯、苯乙烯等还能使人体产生畸变、癌变。

针对产生臭气的污染源不同，及考虑设备投资和运行成本，除臭方法可分为化学除臭法、物化除臭法和生物除臭法等几类。

● 化学除臭法

所谓化学除臭法，即是添加某些化学药剂，使之与具有臭味的物质发生反应，从而达到除臭的目的。臭气中的臭源物质有很多具有还原性，故可以采用强氧化剂将其氧化为无臭化合物，达到除臭目的。目前探讨较多的有臭氧氧化法、光催化氧化法、高铁酸盐法等。

● 物化除臭法

目前普遍应用的物化除臭法是吸附法，常用的吸附剂有活性炭、活性炭纤维、沸石、某些金属氧化物和大孔高分子材料等。活性炭是传统的吸附剂之一，该法是利用活性炭能吸附臭气中致臭物质的特点，达到除臭的目的。为了有效地除臭，通常利用各种不同性质的活性炭，在吸附塔内设置吸附酸性物质的活性炭，吸附碱性物质的活性炭和吸附中性物质的活性炭，臭气和各种活性炭接触后，排出吸附塔。该法具有较高的效率，但活性炭吸附到一定量时会达到饱和，就必须再生或更换活性炭，且活性炭存在吸附量有限、抗湿性能差、再生困难、造价高、寿命不长等特点，故该法常用于低浓度臭气和除臭的后处理。在除臭方面人们正致力于研究某些新的吸附剂取而代之。

● 生物除臭法

生物除臭法是通过微生物的生理代谢将具有臭味的物质加以转化，达到除臭的目的。微生物只能利用水中溶解性的物质，因此被降解的恶臭物质首先应溶解于水中，再转移到微生物体内，通过微生物的代谢活动而被降解。

（二）石油石化工业废气治理技术

1. 含烃废气处理

随着环保法规的日益严格和人们环境意识的不断增强，挥发性烃类的污染越来越为人们所关注。烃类有很多危害，大多数烃类都有毒、有恶臭气味，一部分烃类可致癌，卤烃类可破坏臭氧层。特别是在阳光的照射下，烃类可与大气中的 NO_x、氧化剂发生一系列光化学反应，产生光化学烟雾，刺激人们的眼睛和呼吸系统，危害人类健康和植物的生长。

从 20 世纪 70 年代开始，美国和欧洲国家就开始合作控制挥发性烃类的排放，1996 年日本也将 53 种挥发性烃类分成 A、B、C 共 3 个等级进行控制。各国也在不断研究挥发性烃灰的控制和回收利用技术，开发出较多的回收新方法、新技术，如回转式活性炭吸附技术、膜分离技术等，为废气中烃类的排放控制和回收利用提供了有利的条件。

目前常用或已有实际应用的处理方法有，燃烧法、吸附法、吸收法、冷凝法、生物法等。其中燃烧法分为直接燃烧法和催化燃烧法两种。

● 燃烧法

▶ 直接燃烧法　利用燃气或燃油等辅助燃料，将混合气体加热，使有害物质在高温作用下分解为无害物质。本方法工艺简单、投资小，适用于高浓度、小风量的废气。缺点是对安全技术、操作要求较高。

▶ 催化燃烧法　催化燃烧是典型的气－固相催化反应，其实质是活性氧参与深度氧化作用。在催化燃烧过程中，催化剂的作用是降低活化能，同时使反应物分子富集于表面提升反应速率。借助催化剂可使有机废气在较低的起燃温度条件下，发生无焰燃烧，并氧化分解为 CO_2 和 H_2O，同时放出大量热能。

● 吸附法

一般采用活性炭吸附法。通过活性炭吸附废气，当吸附饱和后，活性炭脱附再生，将废气吹脱后催化燃烧，转化为无害物质，再生后的活性炭继续使用。当活性炭再生到一定次数后，吸附容量明显下降，则需要再生或更新活性炭。

● 冷凝法

把有机废气直接导入冷凝器经吸附、吸收、解析、分离，可回收有价值的有机物。该法适用于有机废气浓度较高、温度低、风量小的工况，需要附属冷冻设备。

2.含硫废气处理

● 旋流板脱硫除尘

旋流板式脱硫塔是根据旋风除尘器和水膜除尘器各自除尘特点，进行有机结合后形成的集消烟、脱硫、除尘、尘水分离为一体的消烟除尘专用工艺设备。根据烟尘性质可选钢制、不锈钢或全塑型，整体属耐腐蚀设备。喷淋系统采用两级（多级）雾化喷淋，使气液充分接触，净化效率均在95%以上。

烟气经预脱硫并增湿后再沿塔下部切线方向进入旋流板塔，由于塔板叶片的导向作用而旋转上升，并在塔板上将雾化喷淋层落下的浆液重新喷成几十微米的细雾滴，使气液间接触面积急剧增大（比水膜除尘器的气液接触面积增大几百至上千倍）。液滴被气流带动旋转，产生的离心力强化气液间的接触，最后甩到塔壁上，沿壁下流。由于塔内提供了良好的气液接触条件，气体中的 SO_2 被碱性液体吸收（脱硫）的效果好。旋流板塔由于特殊的内部结构设计，决定了它是一种高效通用型传质设备，具有通量大、压降低、操作弹性宽、不易堵、效率高等优点。

● 喷淋填料塔脱硫除尘

填料塔是塔设备的一种。塔内填充适当高度的填料，以增加两种流体间的接触表面。例如应用于气体吸收时，液体由塔的上部通过分布器进入，沿填料表面下降。气体则由塔的下部通过填料孔隙逆流而上，与液体密切接触而相互作用。结构较简单，检修较方便。广泛应用于气体吸收、蒸馏、萃取等操作。为了强化生产，提高气流速度，使在乳化状态下操作时，称乳化填料塔或乳化塔（Emulsifying Tower）。

填料塔具有生产能力大，分离效率高，压降小，持液量小，操作弹性大等优点。填料塔也有一些不足之处，如填料造价高；当液体负荷较小时不能有效地润湿填料表面，使传质效率降低；不能直接用于有悬浮物或容易聚合的物料；对侧线进料和出料等复杂精馏不太适合等。

3. 含氮氧化物废气处理

目前其主要防治技术是烟气脱硝，净化处理方法分为还原法、吸收法、吸附法、等离子体活化法、微生物法。此外，按治理工艺可分为干法脱硝和湿法脱硝。干法脱硝包括：非催化还原法、催化还原法、热分解法、吸附法、吸收法、等离子法。湿法脱硝包括：酸吸收、碱吸收、氧化吸收、络盐吸收。

4. 含颗粒物废气处理

目前处理方法有重力沉降室、旋风除尘器、布袋除尘器、湿式除尘器、电除尘器。

● 重力沉降室

重力沉降室具有结构简单，投资少，压力损失小的特点，维修管理较容易，而且可以处理高温气体。但是体积大，效率相对低，一般只作为高效除尘装置的预除尘装置，来除去较大和较重的粒子。

重力沉降室是利用重力作用使尘粒从气流中自然沉降的除尘装置。其机理为含尘气流进入沉降室后，由于扩大了流动截面积而使得气流速度大大降低，使较重颗粒在重力作用下缓慢向灰斗沉降。

● 旋风除尘器

旋风除尘器是最早的除尘器之一，其造价要比现在的脉冲除尘器、布袋除尘器小得多。旋风除尘器的特点是价格低、阻力小、效率高、处理风量大、性能稳定等。

旋风除尘器于 1885 年开始使用，已发展成为多种形式。按其流进入方式，可分为切向进入式和轴向进入式两类。在相同压力损失下，后者能处理的气体约为前者的 3 倍，且气流分布均匀。

● 布袋除尘器

布袋除尘器也称为袋式除尘器、袋式收尘器，随着现代研发技术的提高，布袋除尘器已经成为目前使用最广泛的除尘设备，其中脉冲布袋除尘器更是成为最主要的布袋除尘器类型。

含尘烟气通过布袋除尘器的过滤材料，尘粒被过滤下来，过滤材料捕集粗粒粉尘主要靠惯性碰撞作用，捕集细粒粉尘主要靠扩散和筛分作用。滤料的粉尘层也有一定的过滤作用。

布袋除尘器的优劣与多种因素有关，但主要取决于滤料。布袋除尘器的滤料就是合成纤维、天然纤维或玻璃纤维织成的布或毡。根据需要再把布或毡缝成圆筒或扁平形滤袋。根据烟气性质，选择适于应用条件的滤料。

● 湿式除尘器

湿式除尘器俗称"水除尘器"，它是使含尘气体与液体（一般为水）密切接触，利用水滴和颗粒的惯性碰撞或者利用水和粉尘的充分混合作用及其他作用捕集颗粒或使颗粒增大或留于固定容器内达到水和粉尘分离效果的装置。

生产的湿式除尘器是把水浴和喷淋两种形式合二为一。先是利用高压离心风机的吸力，把含尘气体压到装有一定高度水的水槽中，水浴会把一部分灰尘吸附在水中。经均布分流后，气体从下往上流动，而高压喷头则由上向下喷洒水雾，捕集剩余部分的尘粒。其过滤效率可达 85% 以上。

　　湿式除尘器可以有效地将直径为 0.1 ~ 20 微米的液态或固态粒子从气流中除去，同时，也能脱除部分气态污染物。它具有结构简单、占地面积小、操作及维修方便和净化效率高等优点，能够处理高温、高湿的气流，将着火、爆炸的可能减至最低。但采用湿式除尘器时要特别注意设备和管道腐蚀及污水和污泥的处理等问题。湿式除尘过程也不利于副产品的回收。如果设备安装在室内，还必须考虑设备在冬天可能冻结的问题。另外，要是想提高微细颗粒的效率，则需使液相更好地分散，但能耗增大。

　　湿式除尘器制造成本相对较低。但对于化工、喷漆、喷釉、颜料等行业产生的带有水分、黏性和刺激性气味的灰尘是最理想的除尘方式。因为不仅可除去灰尘，还可利用水除去一部分异味，如果是有害性气体（如少量的二氧化硫、盐酸雾等），可在洗涤液中配制吸收剂吸收。

　　湿式除尘器的缺点是：从湿式除尘器中排出的泥浆要进行处理，否则会造成二次污染；当净化有侵蚀性气体时，化学侵蚀性转移到水中，因此污水系统要用防腐材料保护；不适用于疏水性烟尘；对于黏性烟尘容易使管道、叶片等发生堵塞；与干式除尘器相比需要消耗水，在严寒地区应采用防冻措施。

　　● 电除尘器

　　电除尘器是火力发电厂必备的配套设备，它的功能是将燃灶或燃油锅炉排放烟气中的颗粒烟尘加以清除，从而大幅度降低排入大气层中的烟尘量，这是改善环境污染，提高空气质量的重要环保设备。

　　它的工作原理是烟气通过电除尘器主体结构前的烟道时，使其烟尘带正电荷，然后烟气进入设置多层阴极板的电除尘器通道。由于带正电荷烟尘与阴极电板的相互吸附作用，使烟气中的颗粒烟尘吸附在阴极上，定时打击阴极板，使具有一定厚度的烟尘在自重和振动的双重作用下跌落在电除尘器结构下方的灰斗中，从而达到清除烟气中的烟尘的目的。

（三）机动车尾气排放控制

2017 年 1 月 10 日，公安部交通管理局发布最新全国机动车、驾驶人统计信息。数据显示，截至 2016 年底，全国机动车保有量达 2.9 亿辆，其中汽车 1.94 亿辆。2016 年全国机动车和驾驶人保持快速增长，新登记汽车 2752 万辆，新增驾驶人 3314 万人。

以颁布和实施排放法规为标志，中国的机动车污染防治工作始于 20 世纪 80 年代。1983 年，原城乡建设环境保护部颁布了我国第一批机动车排放标准和检测方法标准，为我国开展机动车污染防治工作奠定了基础，提供了技术依据。由表可知，我国汽车排放标准与国际先进水平仍存在一定差距，但正在迎头赶上。

我国汽车排放标准与欧洲标准实施年份比较

标准	欧洲实施年份	我国实施年份		
		轻型	重型压燃式	重型点燃式
国Ⅰ（欧Ⅰ）	1992	2000	2000	2003
国Ⅱ（欧Ⅱ）	1996	2004	2003	2003
国Ⅲ（欧Ⅲ）	2000	2007	2007	2009
国Ⅳ（欧Ⅳ）	2005	2010	2010	2012

机动车尾气污染物的排放与机动车性能、机动车运行工况、燃油品质、在用车检查维修情况等因素有关。目前，机动车尾气的排放控制技术主要有以下几种：

1. 燃料处理技术

● 改善汽油品质

我国车用汽油以催化裂化汽油为主成分，烯烃含量高，部分炼油厂生产的汽油硫含量较高，清洁剂的应用不够普及。而国外汽油调配中，催化重整汽油，烷基化汽油、异构化汽油等高辛烷值组分调和比例大，烯烃含量较低。因此，应提高催化裂化汽油的质量，改造和更新汽油炼制技术，改善汽油品质。

● 降低柴油中含硫量

我国柴油的十六烷值低，安定性较差，硫含量高（质量分数 0.1% ~ 0.2%），芳烃含量高。美国、欧洲、日本等国家地区对柴油中的含硫量要求非常高，限值为 0.05% ~ 0.1%。严格控制柴油中含硫量，不仅可以降低硫氧化物等污染物的排放，还有利于柴油车尾气的催化净化。

● 掺入添加剂，改变燃料组分

甲醇、乙醇、异丁醇等许多含氧化合物具有很高的辛烷值，是良好的抗爆剂。汽油中加入少量的含氧化合物可以改善燃料的燃烧性能，可明显地减少 CO、NO_x 和 HC 的生成。在改善柴油品质方面，国外也早已开发生产了多种柴油添加剂，适量地加入一定比例的柴油添加剂，能使柴油得到活化，提高其雾化能力，有利于减少碳微粒的生成。

● 寻找替代燃料

天然气和液化石油气是比较理想的替代燃料。天然气汽车尾气中不含铅并且基本不含硫化物，与汽油车相比，CO 降低 97%，HC 降低 72%，NO_x 降低 39%。液化石油气辛烷值较高，燃料费比酒精、汽油、柴油等便宜，CO、NO_x 等气体排放量低于汽油机排放，基本上消除黑烟和颗粒物，所排气体无臭味，发动机工作噪声低。

2. 机动车排放的净化技术

● 机内净化技术

机内净化是通过改变发动机的设计、制造工艺及精制燃油等手段来降低有害物质的生成，但不能从根本上消除有害气体。

▶ 废气再循环技术。采用废气再循环装置把少量发动机废气（约为排气量的 10%）引至发动机进气口，经冷却器冷却后，再进入进气端与新气混合后进入汽缸燃烧，从而实现再循环。此技术不但降低了氧的浓度，而且降低了最高燃烧温度，从而抑制了 NO_x 在燃烧过程中的生成，改善燃油经济性，降低 NO_x 的排放。

▶ 稀薄燃烧技术。指通过改进发动机燃烧的方法，使稀薄燃烧方式在大于理论空燃比的条件下进行燃烧。稀薄燃烧可提高燃烧完全性，能降低 CO、HC 排放量。为降低 NO_x 排放量，要采用高能点火系统或预燃烧方式或分层进气系统等措施。

● 机外净化技术

机外净化是利用催化转化器将产生的有害气体转化为无害气体，是减少汽车排气污染简便而有效的方法，目前被发达国家广泛采用。

▶ 催化净化技术。在汽车尾气排入大气之前，利用催化转化装置将其转化为无害气体。催化剂是净化效果的关键。根据所使用的主催化组分不同，可把催化剂分为三类：贵金属型、非贵金属型、贵金属与稀土复合型。另外，为避免催化剂高温失效，目前已开发出耐高温达到 1050℃ 的净化催化剂。

▶ 机外低温等离子体技术。利用等离子体体系中的活性物种，将汽车尾气中的有害物质通过氧化、还原或离解而转化为无害或低害物质，以达到降低环境污染的目的。

▶ 碳氢收集器。利用沸石作为吸附剂吸收汽油机冷启动后未完全燃烧的 HC，沸石能在 400℃ 脱附 HC。脱附的 HC 随着排气流被转化后排出，有效降低了冷启动时的 HC 排量。

（四）居室及公共场所典型空气污染物净化

空气净化是利用物理、化学或物理化学过程将悬浮颗粒物和气态污染物去除的过程。空气净化广泛应用于控制工业污染源向大气环境排放的颗粒物和气态污染物，同时也是室内污染控制的有效方法。室内空气净化技术主要包括颗粒物去除、吸附吸收方法、光催化净化等。

1. 颗粒物捕集

室内空气中颗粒物浓度相对较低，主要是细颗粒物。室内颗粒物的去除一般采用纤维过滤方法将颗粒物收集并去除，较为常用的还有静电捕集方法。

2. 吸附净化

吸附净化方法能够有效脱除一般方法难以分离的低浓度有害物质，具有净化效率高、设备简单、操作方便等特点。该方法适用于室内空气中挥发性有机物、氨、硫化物、硫氧化物、氮化物等气态污染物的净化。

3. 化学吸收

吸收法是利用气体混合物中一种或多种组分在选定的吸收剂中溶解度不同或与吸收剂中的组分发生选择性的化学反应，从而将气态污染物从气相分离出去的过程。

活性炭吸附法对室内低相对分子质量的醛类、有机酸、二氧化硫等并不能有效地去除，此时可以考虑化学吸收法。在用于室内特殊污染物的净化时，通常结合固体吸附剂作为吸收液的载体，为吸收液吸收污染物并发生反应提供巨大的表面积。含高锰酸钾的多孔氧化铝能够去除多种室内高反应性化合物，如一氧化氮、二氧化硫、甲醛和硫化氢等，而对较难氧化的甲苯等有机物的去除效果不佳。

4. 光催化法

光催化净化是基于光催化剂在紫外光照射下具有氧化还原能力而净化污染物的原理。由于光催化分解挥发性有机物可利用空气中的氧气作为氧化剂，在常温常压下分解有机物，同时还能杀菌除臭，所以特别适用于室内挥发性有机物和甲醛的净化。

常见的光催化剂多为金属氧化物或硫化物，如 TiO_2、ZnO、CdS 等。光催化空气净化技术具有光谱性和经济性等优点，该技术已经成为各国研究和开发的热点。在发达国家已有各种上市商品，如催化剂与各种材料直接复合得到的具有光催化功能的结构材料、与传统空气净化设备结合开发形成的具有催化净化功能的产品等。

5. 其他净化方法

室内空气净化方法还包括臭氧净化技术、负离子净化以及植物净化等。

臭氧净化技术主要是基于臭氧的强氧化性和灭菌性能，主要用于室内杀菌消毒，防止室内生物源污染，但是臭氧本身也可能是污染物，高浓度、长时间的暴露可能会影响人体健康。

负离子净化的原理是利用负离子发生技术使处于电中性状态的气体分子得到电子形成负离子，借助凝结和吸附作用于颗粒物结合并沉淀下来，达到空气净化的目的。但是负离子发生器只能附着颗粒物，并不能清除空气污染物或将其排至室外。

植物净化是指利用特殊的植物吸收和代谢气态污染物使室内空气得到净化的方法，如芦荟、绿萝等。

（五）大气复合污染监测模拟与决策支持

复合型大气污染是指大气中由多种来源的多种污染物在一定的大气条件下（如温度、湿度等）发生多种界面间的相互作用、彼此耦合构成的复杂大气污染体系，表现为大气氧化性五中和细颗粒物浓度增高、大气能见度显著下降和环境恶化趋势向整个区域蔓延。随着城市化、工业化、区域经济一体化进程的加快，我国大气污染正从局地、单一的城市空气污染向区域、复合型大气污染转变，部分地区出现区域范围的空气重污染现象，京津冀、长三角、珠三角以及其他部分城市群已表现出明显的区域大气污染特征，严重制约区域社会经济的可持续发展，威胁人民群众的身体健康。

1. 区域大气复合污染监测手段

● 气溶胶颗粒物区域输送通量监测技术

大气低层风场影响气溶胶颗粒物和污染气体的输送和扩散过程，风速越大越有利于空气中污染物的稀释扩散，显然，也会导致污染物的长距离输送。微风或静风则会抑制污染物的扩散，使近地面污染物聚集和增加。激光雷达技术是监测气溶胶颗粒物垂直分布（廓线）的一种有效手段。激光技术和电子学技术的发展使激光雷达在对流层气溶胶颗粒物的探测高度、垂直跨度、空间分辨率、时间上的连续监测和测量精度等方面具有独特的优势，是其他探测手段很难比拟的。

● 气态污染物区域排放通量监测技术

气态污染物区域排放通量的测量是利用太阳散射光作为光源的差分光学吸收光谱技术（Differential Optical Absorption Spectroscopy，DOAS），测量天顶紫外／可见吸收光谱，通过有关的反演算法可以获得痕量污染气体的垂直柱密度和空间分布。

● 挥发性有机物区域排放通量监测技术

挥发性有机物（VOCs）区域排放的测量是采用太阳掩星法通量监测技术（Solar Occultation Flux，SOF），以太阳的红外辐射为光源，利用车载平台测量 VOCs 的红外特征吸收光谱来反演待测气体组分的垂直柱密度及空间分布，并结合气象参数（风向、风速）获取 VOCs 的区域排放通量。

SOF 系统主要包括太阳跟踪器、光学接收单元、FTIR 光谱仪及通量计算软件。整个系统安装在车载平台上进行快速移动测量，太阳红外辐射光穿过 VOCs 烟羽，由太阳跟踪器和光学接收及传输部分将烟羽选择吸收后的太阳光引入光谱仪，测量各个采样点的 VOCs 特征吸收光谱。从标准数据库中提取待测 VOCs 的标准吸收截面，结合系统仪器参数（如光谱分辨率、仪器线型函数）和气象参数（温度、压强），代入定量分析软件进行拟合反演运算，计算其垂直柱浓度。利用气象仪器提供的垂直于运动方向的风速以及 GPS 系统提供的测量点经纬度位置信息，由公式计算出 VOCs 通过某一个测萤区间竖直平面的排放通量。

● 区域气态污染垂直柱浓度与廓线监测技术

地基多轴 DOAS 技术以散射太阳光作为光源，通过天顶及多个离轴方向对穿越大气层的散射太阳光谱（紫外／可见）进行探测，这些光谱包含了痕

197

量气体、气溶胶、云的吸收、发射和散射等信息。由于增加了多个离轴（近地面低仰角）探测方向，对低层大气探测更为灵敏，通过被动差分吸收光谱的解析方法并结合大气辐射传输模型，能够获得对流层痕量气体的垂直柱浓度以及垂直分布信息。通过在具有区域代表性的地点部署地基多轴 DOAS 系统，或沿区域污染输送通道布点，可以掌握区域大气的柱浓度分布以及廓线信息，并了解区域大气的输送状况。相比卫星观测而言，具有高的时间和空间分辨率。

2. 环境空气质量数值预报预警系统

环境空气质量数值预报预警系统是基于数值预报模式开发的，用于评估和预测局地和区域环境空气质量状况、污染影响空间范围，对潜在的重污染时间进行预警，为管理部门及时采取科学防范控制措施、减少空气污染对人体健康和人们生产生活的影响提供科学与技术支持的平台系统。目前，现代化的城市空气质量预报预警系统，多基于各类污染预报方法和技术，比如：潜势预报、数值预报和统计预报等，根据过去空气污染物排放情况以及次日的气象条件、大气扩散状况、地理地貌等因素，来预测次日或未来几日该地区的空气污染程度，发布预报预警产品。

数值预报是一种以空气动力学理论为基础，基于物理化学过程的确定性预报方法，利用数学方法建立大气污染浓度在空气中的稀释扩散的数值模型，通过计算机高速计算来预报大气污染物浓度在空气中的动态变化。常用的模型有 CMAQ 模型、CAMx 模型、城市大气质量模型（Urban Airshed Model，UAM）、中国科学院大气物理所自助研发的 NAQPMS 模型等。

专栏

大连市空气质量预报预警系统工程

一个系统，集合4种国际一流预报模式，准确预报2天内的空气质量，并为大连市应对重污染天气提供技术支撑。

经过两年多的精心筹备和建设，大连市总投资2600多万元的空气质量预报预警系统已建成，并于2015年底开始试运行。

这套空气质量预报预警系统包括高性能计算机硬件和网络系统、污染源清单调查及清单编制、多模式空气质量预报预警系统、空气质量预报信息展示与发布平台等。可精细化预报未来72小时内的环境空气质量，预报5～7天的环境空气质量趋势，并对重污染天气做出预警，同时追踪重污染天气的大气污染来源。

大连市空气质量预报预警系统，集合了4种国际一流数值预报模式和基于神经网络统计预报模式，具有独立的超算能力，可高时空分辨本地大气污染物排放清单，具有实时来源追踪和控制措施效果定量评估功能。系统具有空气质量预报、重污染天气预警等功能。公众可通过网站、报纸、广播等渠道获得未来2天城市空气质量预报信息；重污染天气可逐小时预报并分析污染来源，为管理部门采取有效措施应对重污染天气提供技术支撑，极大地提升了大连市环境空气质量监测数据分析、预报和预警能力。

3. 建立复合型污染监测监控体系，服务于区域预警预报

建成复合型污染物监测监控体系，应分别建设城市空气质量超级监测站、区域超级站、背景超级监测站，覆盖城市污染源排放、区域性传输、污染物产生的前体物质、二次转化物质，监控其产生、传输、转化、沉降、洗脱等过程；结合污染物的光学、化学和物理特性开展监测，可了解其对环境效应的促进和贡献，利用先进的气象观测设备和空间立体观测设备，结合污染源变化趋势，可以更好地说清复合型污染的反应机理。

此外，需结合强大的数据综合处理工具和计算机技术建成集前端监测层、数据采集／集成层、数据传输层、数据综合管理、预测预警模块、发布展示为一体的监测监控体系，实现环境空气质量的全方位监控。

三、还原美丽大地——土壤修复技术

近年来，我国突然污染事件频发，土壤污染修复也渐渐为人们所重视。2016 年 7 月 5 日，东亚经济交流推进机构第 11 届环境分会在大连市举行。来自中日韩 11 座城市环境保护行政、产业领域有关专家学者共 100 余人参加会议。与会代表围绕"土壤污染对策"这一主题进行了深入交流，并就共同改善环黄海地区环境进行广泛讨论。

会上，大连市就污染场地环境管理对策交流了经验，大连市环保局相关负责人透露，日本北九州速宜环境公司携湖南永清环保公司组成技术方，与大连盛世房地产等三家公司正式签约，启动对金普新区原瑞泽农药厂污染土壤的修复，目前已着手进行方案评估。这是大连市第一例复合型污染土壤修复项目。

众所周知，造成土壤污染的原因有很多，如工业污泥随意堆放、垃圾农用、污水灌溉、大气污染物沉降、大量使用含重金属的矿质化肥和农药等。经过近 10 多年来全球范围的研究与应用，包括生物修复、物理修复、化学修复及其联合修复技术在内的污染土壤修复技术体系已经形成，并积累了不同污染类型场地土壤综合工程修复技术应用经验，出现了污染土壤的原位生物修复技术和基于监测的自然修复技术等研究的新热点。

（一）土壤的生物修复技术

土壤生物修复技术，包括植物修复、微生物修复、生物联合修复等技术，在进入 21 世纪后得到了快速发展，成为绿色环境修复技术之一。

1. 植物修复技术

植物修复技术包括利用植物超积累或积累性功能的植物吸取修复、利用植物根系控制污染扩散和恢复生态功能的植物稳定修复、利用植物代谢功能的植物降解修复、利用植物转化功能的植物挥发修复、利用植物根系吸附的植物过滤修复等技术。

可被植物修复的污染物有重金属、农药、石油和持久性有机污染物、炸药、放射性核素等。以重金属为例，植物修复重金属污染土壤成功的关键在于寻找超富集植物，其经过国内外科学家的大量野外调查和实验室研究，目前已经找到了几百种重金属超富集植物，较为常见的有蒲公英、龙葵、芥菜等。重金属污染土壤的植物吸取修复技术在国内外都得到了广泛研究，已经应用于砷、镉、铜、锌、镍、铅等重金属以及与多环芳烃复合污染土壤的修复，并发展出包括络合诱导强化修复、不同植物套作联合修复、修复后植物处理处置的成套集成技术。

植物修复技术不仅应用于农田土壤中污染物的去除，而且同时应用于人工湿地建设、填埋场表层覆盖与生态恢复、生物栖身地重建等。近年来，植物稳定修复技术被认为是一种更易接受、大范围应用并利于矿区边际土壤生态恢复的植物技术，也被视为一种植物固碳技术和生物质能源生产技术。

2. 微生物修复技术

利用微生物降解作用发展的微生物修复技术是农田土壤污染修复中常见的一种修复技术。这种生物修复技术已在农药或石油污染土壤中得到应用。

土壤微生物修复效果取决于特异性高效降解微生物菌株的筛选和驯化，保证功能微生物在土壤中的活性、寿命和安全性等。此外，修复过程中养分、温度、湿度等关键因子的调控也尤为重要。用于修复的菌种有细菌、真菌和放线菌等。我国目前已构建了农药高效降解菌筛选技术、微生物修复剂制备技术和农药残留微生物降解田间应用技术；也筛选了大量的石油烃降解菌，复配了多种微生物修复菌剂，研制了生物修复预制床和生物泥浆反应器，提出了生物修复模式。

微生物固定化技术因能保障功能微生物在农田土壤条件下种群与数量的稳定性和显著提高修复效率而受到青睐。通过添加菌剂和优化作用条件发展起来的场地污染土壤原位、异位微生物修复技术有：生物堆沤技术、生物预制床技术、生物通风技术和生物耕作技术等。运用连续式或非连续式生物反应器、添加生物表面活性剂和优化环境条件等可提高微生物修复过程的可控性和高效性。目前，正在发展微生物修复与其他现场修复工程的嫁接和移植技术，以及针对性强、高效快捷、成本低廉的微生物修复设备，以实现微生物修复技术的工程化应用。

（二）土壤物理修复技术

土壤物理修复是指通过物理过程将污染物（特别是有机污染物）从土壤中去除或分离的技术。其中，热处理技术广泛应用于工业企业场地土壤的有机污染，包括热脱附、微波加热和蒸汽浸提等技术，常用来修复苯系物、多环芳烃、多氯联苯或二噁英等污染的土壤。

1. 热脱附技术

热脱附是用直接或间接的热交换，加热土壤中有机污染组分到足够高的温度，使其蒸发并与土壤介质相分离的过程。热脱附技术具有污染物处理范围宽、设备可移动、修复后土壤可再利用等优点，特别对PCBs这类含氯有机物，非氧化燃烧的处理方式可以显著减少二噁英生成。

目前欧美国家已将土壤热脱附技术工程化，广泛应用于高污染的场地有机污染土壤的离位或原位修复。发展不同污染类型土壤的前处理和脱附废气处理等技术，优化工艺并研发相关的自动化成套设备正是共同努力的方向。

2. 蒸气浸提技术

土壤蒸气浸提（简称SVE）技术是去除土壤中挥发性有机污染物（VOCs）的一种原位修复技术。它将新鲜空气通过注射井注入污染区域，利用真空泵产生负压，空气流经污染区域时，解吸并夹带土壤孔隙中的VOCs经由抽取井流回地上；抽取出的气体在地上经过活性炭吸附法以及生物处理法等净化处理，可排放到大气或重新注入地下循环使用。SVE具有成本低、可操作性强、可采用标准设备、处理有机物的范围宽、不破坏土壤结构和不引起二次污染等优点。适合处理被汽油、苯和四氯乙烯等污染的土壤。

（三）土壤化学修复技术

土壤化学修复技术包括土壤固化－稳定化技术、淋洗技术、氧化－还原技术、光催化降解技术等。

1. 固化－稳定技术

固化－稳定化技术是将污染物在污染介质中固定，使其处于长期稳定状态，是较普遍应用于土壤重金属污染的快速控制修复方法，对同时处理多种重金属复合污染土壤具有明显的优势。根据美国环保局（EPA）的定义，固化和稳定化具有不同的含义。

固定化技术是将污染物囊封入惰性基材中，或在污染物外面加上低渗透性材料，通过减少污染物暴露的淋滤面积达到限制污染物迁移的目的。稳定化是指从污染物的有效性出发，通过形态转化，将污染物转化为不易溶解、迁移能力或毒性更小的形式来实现无害化，以降低其对生态系统的危害风险。常用的固化稳定剂有飞灰、石灰、沥青和硅酸盐水泥等，其中水泥运用最为广泛。

固化技术具有工艺操作简单、价格低廉、固化剂易得等优点，但常规固化技术也有缺点，如固化反应后土壤体积都有不同程度的增加，固化体的长期稳定性较差等。而稳定化技术则可以克服这一问题，如近年来发展的化学药剂稳定化技术，可以在实现废物无害化的同时，达到废物少增容或不增容，从而提高危险废物处理处置系统的总体效率和经济性；还可以通过改进螯合剂的结构和性能使其与废物中的重金属等成分之间的化学螯合作用得到强化，进而提高稳定化产物的长期稳定性，减少最终处置过程中稳定化产物对环境的影响。由此可见，稳定化技术有望成为土壤重金属污染修复技术领域的主力。

2. 淋洗技术

土壤淋洗修复技术是将水或含有冲洗助剂的水溶液、络合剂或表面活性剂等淋洗剂注入污染土壤或沉积物中，洗脱和清洗土壤中的污染物的过程。淋洗的废水经处理后达标排放，处理后的土壤可以再安全利用。这种离位修复技术在多个国家已被工程化应用于修复重金属污染或多污染物混合污染介质。由于该技术需要用水，所以修复场地要求靠近水源，同时因需要处理废水而增加成本。

3. 氧化－还原技术

土壤化学氧化－还原技术是通过向土壤中投加化学氧化剂（Fenton 试剂、臭氧、过氧化氢、高锰酸钾等）或还原剂（SO_2、FeO、气态 H_2S 等），使其与污染物质发生化学反应来实现净化土壤的目的。通常，化学氧化法适用于土壤和地下水同时被有机物污染的修复。

4. 光催化降解技术

土壤光催化降解技术是一项新兴的深度土壤氧化修复技术，可应用于农药等污染土壤的修复。其修复效果与土壤质地、粒径、氧化铁含量、土壤水分、土壤 pH 值和土壤厚度等因素有关。

5. 电动力学修复

电动力学修复是通过电化学和电动力学的复合作用（电渗、电迁移和电泳等）驱动污染物富集到电极区，进行集中处理或分离的过程。电动修复技术已进入现场修复应用。近年来，中国也先后开展了铜、铬等重金属、菲和五氯酚等有机污染土壤的电动修复技术研究。电动修复速度较快、成本较低，特别适用于小范围的黏质的多种重金属污染土壤和可溶性有机物污染土壤的修复；对于不溶性有机污染物，需要化学增溶，易产生二次污染。

四、对突发事件说 NO——环境突发事件应急技术

（一）环境突发事件概述

环境突发事件简称环境事件，也有人称为环境安全事件。环境保护部《突发环境事件应急预案管理暂行办法》将突发环境事件定义为：因事故或意外

性事件等因素，致使环境受到污染或破坏，公众的生命健康和财产受到危害或威胁的紧急事件。我们认为突发环境事件是指因人为因素或不可抗力引起的突发性环境污染或生态破坏事件，这种事件在短时间内直接威胁公众的安全健康或造成局部环境质量急剧恶化，甚至生态灾难。这一表述包括以下三层含义：

● 突发环境事件首先是环境污染或生态破坏事件，否则不能称之为突发环境事件。从大量的统计资料来看，95%以上的突发环境事件属于污染事件。

● 突发环境事件是突然发生的，普遍的环境污染不宜称之为突发环境事件。

● 突然环境事件在短时间内直接威胁公众的安全健康或造成局部环境质量急剧恶化，甚至生态灾难，这是突发环境事件的显著特征。

突发环境事件通常具有以下 4 个特征：

● 突发性　环境事件通常是在没有任何征兆的情况下突然发生的，具有很强的偶然性，如运输危险化学品的车辆翻入饮用水水源地、氯气罐突然爆裂引起大面积泄漏等。

● 危害性　环境事件往往会在瞬间排放大量的有毒有害物质进入环境，造成局部环境质量迅速恶化，还可能造成人员伤亡、财产损失和生态环境的严重破坏。

● 次生性　环境事件的次生性主要指以下 3 种情形：其一是火灾、爆炸、泄漏等生产安全事故引发的环境事件；其二是交通事故引发的环境事件；其三是自然灾害引发的环境事件。据环境保护部的统计，约有 70% 的突发性环境污染事件为生产安全事故和交通事故引起。

● 不确定性　一方面，引起环境事件的原因复杂，偶然性较大，且污染因子表现形式多样，另一方面，事件发生后，污染物的迁移受风向、地形、水流等因素的影响较大。

（二）环境突发事件的类型

根据环境事件发生的原因、主要污染物特征、事件表现形式等，环境事件可以分为以下 8 种类型：

▶ 有毒有害物质污染地表水或地下水

▶ 毒气污染事件

▶ 火灾、爆炸、交通事故引起的污染事件

▶ 油污染事件

▶ 放射性污染事件

▶ 海洋环境污染事件

▶ 地震、洪水、台风等自然灾害造成的次生性环境污染或生态破坏事件

▶ 人为破坏引起的环境事件

我国较为传统的分类方法是将环境事件分为六大类：水污染事件、大气污染事件、土壤污染事件、生态环境破坏事件、放射性污染事件、噪声与振动危害事件。这种分类方法便于污染事故与污染源的识别、统计。

（三）环境应急监测

环境应急监测是指突发环境事件的紧急情况下，快速查明环境污染状况而实施的环境监测。应急监测的作用是在环境事件发生后，应急监测人员以最快的速度赶赴事件现场，通过采用小型、便携、简易、快速的环境监测仪器、装备及一定的分析手段，在尽可能短的时间内获取污染物种类、浓度、影响范围及可能的扩散趋势等重要信息，为环境应急响应行动（人员疏散、污染源控制、污染消除、应急终止及环境恢复等）提供支持。环境应急监测是突发环境事件应急处置与善后处理中的基础工作。环境应急监测分为事件中现场监测和事件后追踪监测。

1. 环境应急监测装备

应急监测仪器作为应急监测技术的载体，其种类、具备的技术参数、涵

盖的监测范围最直观地反映了应急监测技术的能力等级。先进的应急监测装备体系的建设是完善现代应急预警体系的必要条件，应急仪器要求能快速鉴定、鉴别污染物的种类，并能给出定性或半定量直至定量的监测结果，直接读数、使用方便、易于携带，对样品的前处理要求低。

根据不同的监测物质种类，将其分为无机类便携仪器、有机类便携仪器、生物类便携仪器三类。

专栏

环境应急监测车

环境应急监测车由车体、车载电源系统、车载实验平台、车载气象系统、应急软件支持系统、便携应急监测仪器和应急防护设施等组成。它不受地点、时间、季节的限制，在突发性环境污染事故发生时，监测车可迅速进入污染现场，监测人员在正压防护服和呼吸装置的保护下立即开展工作，应用监测仪器在第一时间查明污染物的种类、污染程度，同时结合车载气象系统确定污染范围以及污染扩散趋势，准确地为决策部门提供技术依据。此外，大气质量及应急监测车还安装有空气质量监测系统，用于移动式监测环境空气质量，测量项目包括 SO_2、NO_x、CO、O_3、总悬浮颗粒、飘尘及多种气象参数。可用于环境评价、空气质量状况监测，以满足日常的环境监测要求。

2016 年，大连市环境监测中心投入 295 万元对大连市环境应急监测车进行采购及改造项目，以提高突发事故处理处置能力。

2.环境应急监测方法

在环境突发事件发生后，尽快确定对环境影响大的主要污染物的种类以及污染程度，是应急监测在现场的首要工作。这项工作就是力争在最短时间内，采用最合适、最简单的分析方法获得最准确的环境监测数据，这里就涉及如何选择最佳应急监测方法。

（四）环境污染事故中危险化学品废物处置

危险废物是指根据国家统一规定的方法鉴别认定的具有毒性、易燃性、爆炸性、腐蚀性、化学反应性、传染性之一性质的，对人体健康和环境能造成危害的固态、半固态和液态废物。目前我国正处于工业化快速发展的阶段，随之带来了严重的安全和环境问题。危险化学品的产生量日益增加，由此而引发了各类环境事故，危险废弃物的处理和处置已经成为人们关注的重点。我国的危险化学品废物的处理和处置水平较低，一方面是技术问题，有的危险化学品缺乏有效的处理手段；另一方面是经济问题，一些危险化学品处理需要较复杂的工艺过程，成本较高，企业难以承受，导致一些企业将危险化学品废物转移至其他地方存放，特别是较偏僻的农村地区，由于当地居民缺乏危险化学品安全知识，有的会取作别用，例如用作燃料等，对生态环境、人体健康产生严重损害，甚至引发火灾爆炸。

近年来，危险化学品的安全和环境污染问题经济得到国家有关部门和各省、直辖市、自治区政府的重视，颁布了一系列的法律、法规、条例、标准和规范。如《危险化学品安全管理条例》（国务院令 2002 年第 344 号）等。

1.危险化学品废物的预处理技术

危险化学品废物在最终处置之前可以采用不用的技术进行处理，以改变废物的物化性质。目前的处理方法主要包括化学处理、物理处理、生物处理等。化学处理法主要用于处理一些无机废物，如酸、碱、重金属废液、氰化物、乳化油等；物理处理方法主要用于处理含重金属污泥、含金属废渣、石棉、工业粉尘、焚烧残渣、有机污泥和多氯联苯污染物等，它包括各种固化及相分离技术；生物处理技术可以用于修复被有机物污染的土壤。

在危险废物预处理技术的物理处理方法中，固化／稳定化技术处于重要地位，它是危险废物安全填埋的重要步骤。固化／稳定化就是将有害废物固定或包封在惰性固体基材终产物中的处理方法。经固化／稳定化处理后的有害废物毒性和迁移性会大大降低，能被安全的运输，方便的利用和最终处置，对于稳定性和强度适宜的产品还可以作为建筑基材使用。固化／稳定化处理技术作为废物资源化利用和最终处置的预处理技术已被国外广泛应用。

2. 危险化学品废物的最终处理技术

目前危险废物的最终处理技术主要有：

● 危险废物焚烧处理技术

焚烧是实现危险废物减量、无害化的最快捷径、最有效的技术，它可以有效破坏废物中的有毒、有害及有机废物。国外用于处理危险废物的焚烧技术已相当成熟，目前处理工业危险废物的焚烧炉有：旋转窑焚烧炉、液体喷射焚烧炉、热解焚烧炉、流化床焚烧炉。

● 安全填埋技术

该技术填埋采用"先地下，后地上"的方法，当地下填埋库全部填满后再实施地上部分的填埋。废物经预处理后由装载车运至填埋区，经卸料斗用溜槽输送至填埋部位，再用推土机摊开推平，压路机分层压实。我国已建成数个城市垃圾填埋和简易危险废物填埋场，但绝大多数达不到国际卫生填埋标准和安全填埋标准。

● 水泥旋转窑资源替代技术

为解决焚烧技术所带来的污染问题，国外用可燃性危险废物作为替代燃料应用于水泥生产。废料回收公司对废料进行回收，在加工处理后实行分类存放，根据水泥厂的要求按废料成分进行混配，运往水泥厂最后入窑煅烧。废料中主要有机物的有害成分焚毁率达 99.99%，焚烧后产生的气体在高温的水泥回转窑中停留时间长。水泥选装窑处理危险废物与专门焚烧炉相比，具有建设投资小、运行费用低、经济效益好、无害化程度高等优点。

（五）环境应急预案制度

环境应急预案是突发环境事件应急预案的简称，是指针对可能发生的突发环境事件，为确保迅速、有序、高效地开展应急处置，减少人员伤亡和经济损失而预先制定的计划或方案。

2014年12月29日，国务院办公厅印发《国家突发环境事件应急预案》（国办函〔2014〕119号）。该《预案》分总则、组织指挥体系、监测预警和信息报告、应急响应、后期工作、应急保障、附则7部分，由环境保护部负责解释，自印发之日起实施。2005年5月24日经国务院批准、国务院办公厅印发的《国家突发环境事件应急预案》予以废止。

1. 环境应急预案的主体及分级

根据《突发环境事件应急预案管理暂行办法》的规定，以下单位应编制环境应急预案：

> ▶ 县级以上政府环境保护主管部门；
> ▶ 向环境排放污染物的企业事业单位；
> ▶ 生产、贮存、经营、使用、运输危险物品的企业事业单位；
> ▶ 产生、收集、贮存、运输、利用、处置危险废物的企业事业单位；
> ▶ 其他可能发生突发环境事件的企业事业单位。

突发环境事件的应急预案可以分为企业预案和政府预案两大类。企业预案通常是在突发环境事件发生之初发挥作用，预案的主体也是企业，同时企业预案针对的范围相对来说较小，主要是企业自身周边的区域。一旦突发环境事件升级导致企业无法控制，则需要启动政府预案。

对于政府预案，可以根据行政区划进一步分为县、市/社区级、地区/市级、省级、国家级。一般环境事故（IV级）启动县（市、区）环境应急预案；较大环境事故（ⅠⅡ级）启动市（地、州）环境应急预案；重大环境事故（Ⅱ级）启动省（自治区、直辖市）环境应急预案；特别重大环境事故（I级）启动《国家突发环境事件应急预案》。

▶ 县、市／社区级的预案主要针对的是涉及的影响可达这一区域的
级别，但同时可以被这一区域的力量所控制的突发环境事件；

▶ 地区／市级的预案相对于县市级来说，影响的范围更大，或者发生
事件的区域已经超出一个县的范围，需要动员市级力量予以控制；

▶ 省级预案主要针对发生流域性环境污染或者重大化学危险品污染
事故，需要动员一些特殊的设施和设备予以处理的突发环境事件；

▶ 国家级的预案主要针对超出一省范围或者跨省的突发环境事件。

2. 我国突发环境事件应急预案制度的现状

《国家突发环境事件应急预案》指加强对环境事件危险源的监测、监控
并实施监督管理，建立环境事件风险防范体系，积极预防、及时控制、消除隐患，
提高环境事件防范和处理能力，尽可能地避免或减少突发环境事件的发生，
消除或减轻环境事件造成的中长期影响，最大限度地保障公众健康，保护人
民群众生命财产安全。我国针对不同污染源所造成的环境污染、生态污染、
放射性污染的特点，实行分类管理，充分发挥部门专业优势，使所采取的措
施与突发环境事件造成的危害范围和社会影响相适应。

我国的突发环境事件应急预案主要由国家性和地方性两类组成。《国家
突发环境事件应急预案》是我国突发环境事件应急预案制定的总体指导，应
急预案编制的核心目的在于"建立健全突发环境事件应急机制，提高政府应
对涉及公共危机的突发环境事件的能力，维护社会稳定，保障公众生命健康
和财产安全，保护环境，促进社会全面、协调、可持续发展。预案按照突发
环境事件的严重性和紧急程度，将其分为：特别重大环境事件（Ⅰ级）、重大
环境事件（Ⅱ级）、较大环境事件（Ⅲ级）和一般环境事件（Ⅳ级）四级。
在对于突发环境事件进行分级的基础上，制定相对应的分级应急响应机制。
在组织指挥与职责的部分规定了国务院的统一领导，全国环境保护部联席会
议的协调应对工作，以及各专业部门、保障支持部门、专家咨询机构的职责，

并明确地方各级人民政府的突发环境事件应急机构应由地方人民政府确定，同时突发环境事件国家应急救援队伍由各相关专业的应急救援队伍组成，环保部应急救援队伍由环境应急与事故调查中心、中国环境监测总站、核安全中心组成。

《国家突发环境事件应急预案》的核心内容主要是预防和预警、应急响应以及应急保障三部分，也是应急预案制定应该具备的三个基本组成部分。其中，在预防和预警之中，规定了信息监测、预防工作、预警及措施、预警支持系统；在应急响应中，规定了分级响应机制、应急响应程序、信息报送与处理、指挥和协调、应急监测、信息发稚、安全防护、应急终止；而应急保障主要包括资金、装备、通信、人力资源、技术保障，此外还规定了宣传、培训与演练、应急能力评价等内容。国家突发环境事件应急预案的规定较为原则，为地区性应急预案的制定提供了标准和要求。

除了全国性的应急预案制度，各省市也按照自身的情况制定了符合地区特点的应急预案。

专栏

新版《大连市环境保护局环境事件应急预案》发布

2016年9月9日，大连市环境保护局下发了《关于印发〈大连市环境保护局突发环境事件应急预案〉的通知》，正式发布了2016年修订版的应急预案。

根据《预案》要求，一旦发生突发环境事件，由大连市环保局成立突发环境事件应急指挥部（必要时设立现场指挥部和后方指挥部），应急指挥部是市环保局应对突发环境事件的领导机构，总指挥由市环保局局长兼任，副总指挥（兼任后方指挥部总指挥）由市环保局主管环境应急工作的副局长兼任，现场总指挥由市环保局局长指定一名副局长兼任。

总指挥负责市环保局突发环境事件应急处置全面指挥工作。副总指挥负责协助总指挥的指挥工作。现场总指挥负责在突发环境事件现场组织、指挥、协调大连市环保局应急队伍开展应急监察、监测及污染物处置等工作，并第一时间向市政府应急指挥部报到，贯彻落实好市政府指挥部和环保部、省环保厅等上级环保部们应急工作组的有关指示、要求。后方总指挥在指挥中心进行环境应急工作的指挥、协调和应急信息上报工作。

大连市环保局应急指挥部下设应急指挥部办公室、应急指挥部各成员单位、专家咨询组、应急处置救援队伍和区（市）县环保局、局属各分局（办）应急指挥机构。应急指挥部办公室设在市突发环境污染事件应急指挥部办公室（以下简称"市局应急办"）。应急指挥部办公室设指挥长和副指挥长各一名，指挥长由市局应急办主任兼任，副指挥长由市局应急办主管环境应急工作副主任兼任，指挥长或副指挥长按照总指挥和副总指挥指令调度相关部门开展应急处置工作。

第二章　**国外环保产业发展现状**
GUOWAI HUANBAO CHANYE
FAZHAN XIANZHUANG

一、全球环保产业发展现状及新态势

关于环保产业，国际上至今没有一个统一的定义，如美国称之为"环境产业"，日本称之为"生态产业"或"生态商务"。而且环保产业的分类，国际上也各不相同。美国环保产业分为环保服务、环保设备和环境资源三大类；经济合作与发展组织（OECD）认为，环保产业是指在防治水、空气、土壤污染及噪声，缩减和处理废物及保护生态系统方面提供产品和服务的部门；日本将环境产业分为环境保护、环境恢复、能源供给、清洁生产、洁净产品、废弃物处置和利用 6 个部分。

全球环保产业的产生可追溯到 20 世纪 60 年代中期。从全球范围来看，环保产业经过 40 多年的发展，其产业规模和产业结构都在不断优化和完善。发达国家的环保产业逐步走向成熟化，环保产品、环保服务业朝向市场化、多元化、科技化发展，环境服务体系逐步完善，形成了完整的产业链；而发展中国家，由于工业化和城市化相对落后，环保产业发展迟缓，但随着近年来环保意识的增强，其环保产业的市场需求逐渐扩大，正渐渐成为全球环保产业发展的新阵地。

20 世纪 90 年代以来，世界各地越来越重视环境问题，大力推广清洁生产技术，环保产业的市场规模越来越大。近年来，全球环保产业保持了稳定增长。2000—2009 年工业化国家及日本环保产业规模每年增长 2% ~ 4%，而亚洲及拉丁美洲国家增长 5% ~ 7%。2009 年，全球环保产业规模达到 6520 亿美元，同比增速远高于全球经济发展，环保产业已成为全球经济的重要组成部分。2011 年，全球环保市场比上年增长 4%，达到了 8660 亿美元的市场规模。

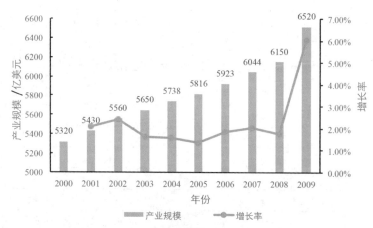

2000—2009 年全球环保产业规模与增长率

目前世界上环保产业发展最具有代表性的是美国、日本、加拿大和欧洲。美国是当今环保市场最大国家，占全球环保产业总值的 1/3。日本环保产业在洁净产品设计和生产方面发展迅速，如绿色汽车和运输设备生产居世界前列，节能产品和生物技术也是日本环保产业集中发展的对象。环保装备产业的重点企业有：美国通用电气公司、东芝、三菱重工、川崎重工、西门子 AG 发电公司、弗洛特威务环保有限公司等。

进入 21 世纪后，发展中国家的市场重要性增加。发达国家的环保产业经过多年的发展，已经趋于成熟饱和，国内市场规模增长开始逐步放缓，而发展中国家市场仍维持高速增长，尤其是以中国、印度为代表的发展中国家，在环境治理和新能源等领域出现了巨大投资和高速增长，推进了全球环保产业的较快增长。据博思数据发布的《2016—2020年中国环保产业市场分析与投资前景研究报告》表明：从地域分布看，全球广义环保产业（包括低碳产业和可再生能源产业）市场中亚洲占据的市场份额为38%；美洲和欧洲位居其后，分别占据30%和28%的市场份额。从广义环保产业规模排名前十位的国家来看，处于发展中国家范围内的中国、印度和巴西分别位居第二、第四和第八位。

全球低碳和环境产品与服务产业市场规模排名

国家	排名	占比 /%
美国	1	19.5
中国	2	13.1
日本	3	6.2
印度	4	6.2
德国	5	4.2
英国	6	3.7
法国	7	3.1
巴西	8	3.0
西班牙	9	2.7
意大利	10	2.6

从产业结构来看，固体废弃物清理、废水处理工程、供水设施和可再生能源利用等领域产业规模较大。近年来，水供应／废水处理、回收／循环和废弃物管理市场规模不断扩大。2013年全球环保产业中水供应／废水处理领域市场规模最大，达到2689.23亿英镑；其次是回收／循环领域，市场规模达到2153.47亿英镑；废物管理领域的市场规模位居第三位，达到1615.80亿英镑。

全球环保产业主要领域市场规模　　　　　单位：亿英镑

产业领域	2010 年	2011 年	2012 年	2013 年
水供应 / 废水处理	2447.31	2517.72	2600.80	2689.23
回收 / 循环	1947.08	2016.13	2082.66	2153.47
废弃物管理	1466.33	1512.75	1562.67	1615.80
空气污染	289.01	295.79	305.55	315.94
污染土地复垦和整治	278.45	288.19	297.70	307.82
环境咨询及相关服务	245.18	254.46	262.86	271.79
噪声和振动防治	66.19	68.88	71.15	73.57
环境监测、仪器仪表和分析	45.36	47.18	48.74	50.39
海洋污染防治	36.73	38.16	39.42	40.76
总计	6821.64	7039.26	7271.56	7518.79

数据来源：Low Carbon Environmental Goods and Services (LCEGS) Report 博思数据整理。

综上所述，当前全球环保市场以发达国家为主导，但全球环保市场重点向发展中国家转移。就产品和服务的流向来看，全球环保产品和服务的主要出口者和进口者集中在美国、西欧和日本，而除日本以外的亚洲其他地区、拉丁美洲、中东欧、中东和非洲等地区则是环保产品的进口地区。从全球环保产业发展趋势看，环保装备将向成套化、尖端化、系列化方向发展，环保产业由终端向源流控制发展，其发展重点包括大气污染防治、水污染防治、固体废弃物处理与防治、噪声与振动控制等方面。此外，当前发达国家在国际贸易中设置"绿色壁垒"，给世界环保装备产业带来了巨大商机和挑战。

二、典型发达国家和地区环保产业发展现状

（一）美国的环保产业

1. 大气环境污染治理

美国针对固定源大气污染的控制策略包括运行许可证制度、基于最佳控

制技术的排放标准体系、大力发展清洁能源及节能技术、未达标地区的新源审查制度、实施污染物排放交易、推行多项经济激励措施等。通过实施各种计划、标准、制度，辅以灵活的经济措施，美国的能源结构和工业结构逐步趋于清洁化。

美国现有的空气质量排放标准遵循"技术强制"原则，根据污染物类别的不同，新源和现源的不同，依据不同水平的生产工艺和污染控制技术制定了宽严程度不同的排放标准。新建源采用"最佳可行控制技术"（BACT），对现有源采用"最佳可行改造技术"（BARCT）。BACT 是通过生产工艺和可行的方法及技术最大限度地减少每种污染物的排放量，其着眼于能源、环境及经济的综合影响，是基于最大可能减排量的一种排放限制手段。

● 电力、热力行业

美国要求所有的新建源应采用最佳可行控制技术（BACT），控制最为严格的是加州南海岸空气管理区，对燃油／燃气内燃机、燃气汽轮机、小型工业／商业／机关锅炉和加热设备、家用小型燃气供暖设备、餐馆燃烧设施、商业炭烤设施和未列入 RECLAIM 计划的烤箱、烘干机、窑炉等固定排放源均有明确的要求。如针对燃气锅炉、燃气轮机，通过燃烧控制（分级燃烧、烟气再循环、表面燃烧）、低氮燃烧器（LNB）或超低氮燃烧器使用、SCR／SNCR 等技术实现 NO_x 减排；固定式内燃机采用机前处理（如对进入内燃机缸内的燃料或空气作有利于减少排放生成的预处理）、机内净化（如改善燃烧过程、优化燃烧系统、改进燃料供给系统、采用增压技术、实施电子控制）、机后处理（如催化反应、三元催化转换、热氧化反应、微粒过滤、静电除尘）对 HC、CO、NO_x 进行控制。

● 建材行业

针对建材行业，美国就水泥、石灰／石灰石—石膏、沥青、玻璃、黏土制品等行业的高污染排放特征，制定了严格的大气污染物排放标准。为了满足标准限值的要求，生产企业采用清洁生产技术及先进控制技术以减少生产环节的大气污染物排放。随着 MACT 排放水平的下降，美国持续收严有害大气污染物排放的标准，以水泥生产为例，《波特兰水泥新源排放标准》2010年生效，促进了水泥厂采用清洁的生产工艺和技术，包括新型干法预分解窑技术、节能粉磨技术等，从源头减少了污染物的产生。通过采用自动化与智能化控制手段实现了工艺控制最优，减少了污染物的排放。同时，采用末端治理技术，如湿法脱硫袋式除尘或静电除尘，使用低氮燃烧器对 SO_2、PM、NO_x 进行控制。

● 石油及化工行业

美国的石油炼制工业现执行《炼油厂—催化裂化、催化回用及硫回收单元有害空气污染物排放标准》（NESHAP–subpart UUU）和《炼油厂新源排放标准》（NSPS–J/JA）。《炼油厂—催化裂化、催化回用及硫回收单元有害空气污染物排放标准》曾多次修订，不断收严其有害大气污染物排放标准。《炼油厂新源排放标准》（NSPS–J/JA）于 2008 年 6 月 24 日正式生效。基于严格的限值排放标准，美国的石化行业所推荐的大气污染物控制技术详见下表。

美国石化行业大气污染物控制技术汇总表

行业	工艺	污染物类型	技术
石化、石油	工艺加热炉	颗粒物、SO_x	使用清洁燃料，如采用脱硫炼厂气代替燃料油等
		NO_x	低氮燃烧器；低氮燃烧器 + 烟气再循环（FGR）；低氮燃烧器 +SGR 或 SNCR）
	催化裂化	SO_x	催化烟气脱硫；添加硫转移剂
		VOCs	催化原料预加氢
化工	纤维浸渍工艺	颗粒物	袋式除尘器与 HEPA 过滤器联合使用
	聚酯树脂的生产	VOCs	沸石浓缩与催化氧化
	生产液态 CO_2	VOCs	蓄热式氧化器（RTO）
	催化剂再生、流化床催化裂化装置	NO_x	选择性催化还原（SCR）

● 钢铁、冶金与铸造行业

冶金及铸造行业的主要污染物为颗粒物、SO_x、NO_x 及 VOCs 等。美国 RBLC 数据库针对冶金、铸造行业的不同工艺环节以及不同污染物类型分别给出了最佳可行以及合理可行的控制技术，行业涉及铸钢加工业、铸铁加工业、铁合金生产、铸造等，工艺环节包括电弧炉、感应电炉、钢包冶金、铸造及浇注、制芯、熔渣处理、干燥机、预热装置等炼钢车间操作等。多采用袋式除尘器、湿式电除尘器对颗粒物进行控制；采用过程控制及末端治理方式控制 SO_2 及 NO_x 排放。

● 印刷、涂装等其他行业

预防措施主要是通过改进工艺、替换原材料，以减少进入生产过程中的 VOCs 总量；改变运行条件，减少 VOCs 的形成和挥发；更换设备，减少 VOCs 的泄漏等方法或手段，从源头控制 VOCs 的排放。

首先考虑产品替代／再形成，使用低或无溶剂含量涂料替代高溶剂涂料；生产实践控制，提高材料利用率；设备替代，减少材料用量以及 VOCs 排放。末端控制主要有燃烧法、吸收（洗涤）法、冷凝法、吸附法以及生物法等几类，其中燃烧法适合于处理浓度较高的 VOCs 废气，如化工、喷漆、绝缘材料等行业，一般情况下去除率均在 95% 以上。

2. 新能源

美国、欧盟等发达国家和地区最先开始新能源的大规模开发。通过促进新能源发展的法规和政策以及推动技术创新、快速打开市场、建立健全产业体系等措施，实现了新能源产业的稳步快速发展，也为新能源开发在全世界范围获得认同、付诸实践奠定了基础。

在 2009 年《美国经济复苏与再投资法案》中，美国明确要求到 2020 年所有电力公司的电力供应中要有 15% 来自风能、太阳能等新能源。美国采取了多项措施引导和鼓励新能源的发展，包括配额定比为核心的相关法案、新能源发电保护定价等，为其能源变革、能源独立之路提供了保障。美国是目前世界上最大的地热发电国，风力发电装机容量也是世界领先，具有较高的新能源装备技术和研发水平，其新能源发展速度和潜力世界领先。

3. 环保产业市场规模

美国在环保设备领域领先地位稳固，尤其在水和空气污染控制设备领域。从具体区域来看，自 20 世纪末，美国的加利福尼亚、得克萨斯、纽约、宾夕法尼亚等地区，已拥有实力较强的环保产业。由博思数据发布的《2016—2020 年中国环保产业市场分析与投资前景研究报告》表明：目前，加利福尼亚、宾夕法尼亚、得克萨斯、伊利诺伊、纽约、新泽西、马萨诸塞等州是环保业产值名列前茅的州。此外，美国再生资源产业规模庞大。美国再生资源产业规模已达 2400 亿美元，超过汽车行业，成为美国最大的支柱产业。

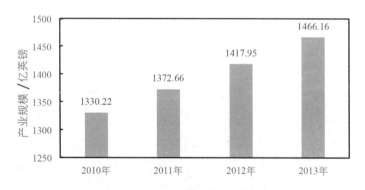

2010—2013 年美国环保产业市场规模

（二）欧盟的环保产业

1. 大气污染物控制技术

欧盟的固定源污染控制主要是实施污染预防与控制指令（IPPC 指令），建立协调一致的、一体化的工业污染防治系统。指令要求成员国建立并制订排放限值，推广基于最佳可行技术（BAT）的许可制度；欧盟依据 IPPC 制订了一些行业的最佳可行技术参考文件，要求企业优先达到文件规定的排放限值，以此作为发放排污许可证的依据，同时也要满足欧盟其他相关指令的最低要求；针对 VOCs 源，欧盟借鉴美国的经验，针对不同的 VOCs 污染源制定了通用污染控制指令和行业指令，明确了 VOCs 的排放限值和控制技术。

● 大型火电厂

针对额定热输入超过 50 兆瓦的燃烧装置，欧盟给出了治理各类污染物的最佳可行技术。在去除 SO_2 方面，采用湿法石灰石－石膏脱硫；海水法脱硫；喷雾干燥法烟气脱硫（半干法脱硫）；干法脱硫（如炉膛喷射吸收剂、管道喷射吸收剂、混合喷射吸收剂）；烟气循环流化床脱硫；亚硫酸钠、亚硫酸氢钠法烟气脱硫；氧化镁脱硫工艺。去除 NO_x 方面，采用分级燃烧（炉内空气分级燃烧、燃料分级燃烧）、烟气再循环、减少空气预热、低 NO_x 燃烧器等控制技术；去除颗粒物方面，采用静电除尘器、湿式电除尘器、袋式除尘器、旋风除尘器、湿法除尘器进行烟粉尘末端治理。

● 建材行业

水泥、石灰、玻璃、矿棉、陶瓷等行业是建材行业大气污染物排放的主要污染源，所排放的主要污染物包括颗粒物、SO_x、NO_x 以及 VOCs 等。欧盟对各类建材行业的大气污染物排放提供了最佳可行控制技术。以水泥行业为例，采用静电除尘器、袋式除尘器对颗粒物进行末端治理；通过工艺优化、燃烧控制、末端治理（SNCR、SCR）对 NO_x 进行控制；还通过干法洗涤、湿法洗涤去除 SO_x。

● 石油及化工行业

VOCs、颗粒物是石化行业的主要污染物，欧盟针对石化行业不同工艺提出了适用于不同污染物类型的最佳可行技术。以矿物油、天然气提炼行业为例，通过对再生器进行优化设计、使用 SCR、SNCR 对 NO_x 进行控制；利用三级或多级旋风除尘器、静电除尘器或洗涤器处理颗粒物；使用脱硫催化剂或湿法洗涤、文丘里洗涤、海水法脱硫等方法以去除 SO_x。

● 钢铁、冶金与铸造业

冶金及铸造行业的主要污染物包括颗粒物、SO_x、NO_x 以及 VOCs 等。

欧盟针对冶金、铸造行业的不同工艺环节以及不同污染物类型分别给出了最佳可行控制技术。如在钢铁烧结工艺中，通过降低烧结料中的挥发性碳氢化合物含量、顶层烧结控制 VOCs 排放；在烧结混合料中添加含氮化合物，抑制二噁英形成；采用低含氮燃料、烟气再循环、低 NO_x 燃烧器、SCR/SNCR 对 NO_x 进行控制。铸造工艺中，对铸造和成型车间进行真空清洗、使用自动卷帘系统、严格控制工艺过程粉尘等方法对颗粒物排放进行预防，并采用旋风器、织物或袋式过滤器、湿式洗涤器对颗粒物进行去除。

● 印刷与涂装行业

VOCs 是印刷、涂装行业的典型污染物，针对印刷、涂装等相关工艺产生的 VOCs，欧盟同样推荐了最佳可行技术。如使用水性油墨、利用自动化清洁器对烘干室等印刷生产区域的空气继续抽取与处理、在废气流中调整溶剂浓度、优化焚烧炉的使用等技术方法控制柔印和凹印包装产生的 VOCs。

2. 新能源

欧盟于 2007 年通过"能源与气候变化一揽子计划"，承诺到 2020 年将可再生能源比例提高 20%，温室气体排放减少 20%。欧盟主要通过绿色关税、绿色节能指标、投资补贴、上网电价补贴、减免税负等措施来促进新能源产业的快速发展，并确立了以风能、太阳能、生物质能为中心的发展方向。2010 年风电已经满足了欧盟 5.3% 的电力消费，其中在丹麦这一比例已经达到了 20%，同时，欧盟也是世界第一大光伏市场。

3. 环境应急管理

欧盟环境法已经形成了日益健全的环境保护法律框架，涵盖气候变化、废物管理、空气污染、水保护与管理、自然和生物多样性保护、化学物质、市民保护、噪声污染、环境合作等主要领域。虽然欧盟没有对环境应急管理进行专门立法，在其法律文本中也没有"环境应急管理术语，但这不影响其法律中所体现的环境应急管理思想。一级法《欧洲联盟条约》是其他环境政策、法律的立法依据，条约中规定了风险预防原则、预防原则和源头控制环境损害原则等。为此，欧盟制定了众多二级环境法，形成了二级法层面上的环境应急管理制度。

4. 环保产业规模

欧盟为履行应对气候变化"3个20%"（到2020年温室气体排放要在1990年的基础上减少20%，能效要提高20%，可再生能源的比重要提高到20%）的承诺，欧盟将节能环保产业纳入国家战略层面进行大力推进。2013年前，欧盟投资1050亿欧元，用于节能环保项目和相关就业项目，支持欧盟的绿色产业，保持其在绿色技术领域的世界领先地位。2013年欧盟主要国家（德国、法国、英国、意大利）环保产业市场规模已达到1022.56亿英镑。

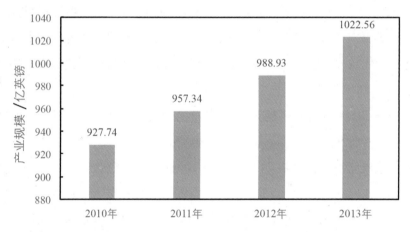

2010—2013年欧盟主要国家环保产业市场规模

三、发达国家环保产业发展的特点

发达国家的环保产业兴起于20世纪70年代，由于环境状况的恶化、人们的环保意识的增强以及政府对环境管制的严格化，环保产业获得了高速的发展。总体而言，发达国家环保产业发展具有以下特点：

（一）环保产业规模大、发展迅速

经过 40 多年的快速发展，发达国家环保产业的产值已占国内生产总值的
10% ~ 20%，在国民经济中所占的份额不断上升，且正向着综合化、大型化、
集团化方向发展。其企业形式可大致分为国际性跨国公司、大型垄断企业的
分部或子公司、中小型专门化公司三类。

（二）环保技术与产品高科技化

发达国家的环保技术正向深度化、尖端化方面发展，产品不断向普及化、
标准化、成套化、系列化方向发展。目前，新材料技术、新能源技术、生物
工程技术正源源不断地被引进环保产业。

（三）环保市场竞争激烈

发达国家早在 20 世纪 70 年代就形成了以污染控制设备为主体的环保市
场，并一直稳定发展，近年来由于绿色产品的行销，环保市场出现持续增长
的势头。目前，全球环保设备和服务市场仍是以美、日、欧洲等发达国家和
地区为主体。由于发达国家环保技术相近，因为环保市场竞争异常激烈。美
国的脱硫、脱氮技术，日本的除尘、垃圾处理技术，德国的污水处理技术，
在世界上遥遥领先。而发展中国家的环保技术相对落后，其环境市场也成为
了发达国家争夺的对象。

四、未来环保产业发展前景与趋势

在当前经济转型升级的大环境下，环境保护和可持续发展的呼声日盛，
环保产业成为未来的发展热点，未来发展空间巨大，具有较好的发展前景和
市场。结合全球环保产业发展现状，未来环保产业发展将会有以下特点：

（一）环保产业全球化，为发展中国家带来活力

目前，发达国家的环保产业趋于稳定，而后将目光瞄准发展中国家。发
达国家的先进技术、设备和资本均会给发展中国家带来较大的活力。以环保

设备产业为例，环保设备产业是以防治污染、改善生态环境、促进资源优化配置、确保资源永续利用为目的发展起来的，在机械工业中最富活力的新兴产业。目前，全球环保产品市场主要集中在发达国家，环保产品外贸的主要出口国也集中在此。但近年来，伴随着全球第三次大规模的产业转移浪潮，越来越多的环保设备制造厂商选择将设备制造环节安置在发展中国家。与此同时，发展中国家对环境保护的认识日益加深，大规模环境治理工程的开展造成环保设备需求不断扩大。环保产业的全球化对发展中国家而言不仅是一个机遇，也是一个挑战。整体而言，这会对发展中国家的环保产业发展注入活力，推动发展中国家环保产业更专业、规范、大规模的发展。

（二）终端治理产品依然是未来环保市场需求热点

当前世界范围内严重的环境问题，使得水污染治理、大气污染控制、土壤污染修复等终端产品成为当前环保产业的热点，并且也会是未来多年内的市场需求热点，尤其是水污染处理和大气污染控制终端产品，如电除尘器、尾气净化系统设备、实时废气监控系统、空气净化系统、脱硫设备等。

（三）清洁生产、可再生能源、节能减排等新兴领域是未来发展热点之一

能源紧缺问题一直是世界各国的关注焦点。未来环保产业发展，除了对水污染治理、大气污染控制、土壤修复等行业之外，对核能、太阳能、地热能等新能源的研发，工业清洁生产技术等将会是环保产业的主要研发方向。以我国为例，近年来，我国政府对节能和环保产业非常重视，一方面政府开展了一系列的节能减排科普宣传活动，另一方面大力发展我国的节能环保产业。

（四）先进的技术和标准成为环保产业竞争的新方向

环境问题日益严重，在现有的环保技术和标准不能够保障实现可持续发展的情况下，先进的环保技术研发和环保标准设定成为环保产业突出的竞争内容。发达国家在这方面一直鼓励并不断地进行技术创新，通过不断进步的

环保技术，不仅能够降低人类活动对环境的影响，也能保持全球竞争的领先地位。在环保产品的设计、生产和资源回收上，不少国家推出新的标准。这不仅是为了制约生产厂商，更主要的是为了改善本国环境，避免资源浪费。

当前，国际贸易与"环保标准"相合日益密切，环保标准已被视为国际贸易往来的一种筹码。在这种背景下，具有先进环保技术和环保标准的企业或产品将具有更大的发展优势。

总而言之，近年来，政府及民间的环保意识不断增强，环境保护工作日益受到重视，环保产业进入了快速发展时期，并会成为未来市场的发展热点。

在我国的快速发展过程中，环保产业市场空间巨大。为保障我国环保产业的良好发展，需把握机遇，积极应对挑战。一方面要借鉴发达国家环保产业的发展经验，制定日益严格的环境法规和环境标准，在立法和政策上间接或直接地支持环保产业的发展，为环保产业的发展提供法律保障。另一方面，需考虑我国社会和市场的实际情况，积极发挥政府的主导作用，改革环境税费制度，建立合理的环境产业投入产出机制。积极鼓励支持技术创新，完善环境产业市场体系，推动环保产业的健康、持续、快速发展。

参考文献

［1］杨小玲，韩文亚．绿色生活推动绿色发展．环境保护科学，2015(05): 22–25.

［2］苏白莉，苏楠．关于绿色生活方式的量表开发与检验．江西电力职业技术学院学报，2011(02)：89–92，96.

［3］中共中央 国务院关于加快推进生态文明建设的意见．

［4］Ulrich R.View Through A Window May Influence Recovery From Surgery [J]. Science，224:420 –421.

［5］Maas J，V.R.A.H.B.P.A.i.N.E.U.i.P.C.b.G.P.i.t.N.J.U.F.U.G.，2007，6(4):227 –233.

［6］Hansmann R，H.S.，Seeland K.Restoration and Stress Relief Through Physical Activities in Forests and Parks[J]. Urban Forestry & Urban Greening，2007，6(4):213 –225.

［7］JacksonL.The Relationship of Urban Design to Human Health and Condition [J].Landscape and Urban Planning，64(4):191 –200.

［8］(9) :1132–1141，P.C.A.B.R.T.T.M.J.e.a.L.c.c.m.a.l.–t.e.t.f.p.a.p.J.J.

［9］Khidwrbagi，H.A.，Chumak，et al. Statistical of influence Air pollution and smoking on lung cancer incidence in 17 European countries，Ukraine and Iraq; prospective analyses from the European Study of Cohorts for Air Pollution Effects (ESCAPE).

［10］Choi B，C.S.，Jeong J，et al. Ambulatory heart rate of professional taxi drivers while driving without their typical psychosocial work stressors: a pilot study. Ann Occup Environ Med. 2016，28:54.

［11］Zhang R，W.X.，Zhang HD，et al. Profiling nitric oxide metabolites in patients with idiopathic pulmonary arterial hypertension. Eur Respir J. 2016. 22. pii: ERJ–00245–2016.

［12］Richardson S D，P.M.J.，Wagner E D，et al. Occurrence，genotoxicity，and carcinogenicity of regulated and emerging disinfection by–products in drinking water: a review and roadmap for research. Mutat Res，2007，636(1–3):178–242.

［13］李向宏，郑国璋．土壤重金属污染与人体健康．环境与发展，2016，01:122–124.

［14］Skärbäck E. Urban Forests as Compensation Measures for Infrastructure Development [J] .Urban Forestry & Urban Greening， 6(4):279 –285.

［15］张琦，戴伏英，武燕峰，等．环境电磁辐射对学龄前儿童智力发育和神经行为的影响．中国校医，2013，10:748–750.

［16］何志毅，杨少琼．对绿色消费者生活方式特征的研究．南开管理评论，2004(03): 4–10.

［17］温海珍．绿色居住与住宅产业可持续发展．国际学术动态，04:7–11.

［18］郑志勇．绿色居住建筑的节地与空间利用设计手法．城市建筑，17:37–38.

［19］K．皮蒂．绿色消费．北京：同友馆，1993.

［20］刘湘溶．生态文明论．长沙：湖南教育出版社，1999.

［21］廖晓义．绿色消费与绿色中国．绿色中国，2004（2）：54.

［22］吴红岩．我国绿色消费问题研究．东北师范大学，2008.

［23］博思数据：2016—2020 年中国环保产业市场分析与投资前景研究报告．2015.

［24］成岳．环境科学概论［M].上海：华东理工大学出版社，2012.

［25］冯飞．新能源技术与应用概论［M].北京：化学工业出版社，2011.

［26］郭振仁，张剑鸣，李文禧．突发性环境污染事故防范与应急［J]. 2006.

［27］胡亨魁．水污染治理技术［M].武汉：武汉理工大学出版社，2009.

［28］黄小武．环境应急管理［M].武汉：中国地质大学出版社，2011.

［29］黄民生．节能环保产业［M].上海：上海科学技术文献出版社，2014.

［30］刘洪恩．新能源概论［M].北京：化学工业出版社，2013.

［31］刘文清，刘建国，谢品华，等．区域大气复合污染立体监测技术系统与应用［J]. 大气与环境光学学报，2009, 4(4):243–255.

［32］刘家勇，董云峰．中水回用技术［J]. 舰船防化，2006:18–21.

［33］黎卫东．中水回用技术研究［J]. 广东化工，2005, 32(2):25–26.

［34］李连山．大气污染治理技术［M].武汉：武汉理工大学出版社，2009.

［35］李云婷，严京海，孙峰，等．基于大数据分析与认知技术的空气质量预报预警平台．2016 全国环境信息技术与应用交流大会论文案例集，2016.

［36］李凤才．我国环保产业现状及发展前景［J］．商场现代化，2012(17):32-33.

［37］卢欢亮，王伟．大气污染治理技术［M］．武汉：武汉理工大学出版社，2009.

［38］乔鹏帅．水污染治理及资源化工程技术探究［M］．北京：中国水利水电出版社，2015.

［39］曲艳敏，徐鹤．城市机动车尾气排放控制研究// 中国环境科学学会 2010 年学术年会．
2010.

［40］钱汉卿，左宝昌．化工水污染防治技术［M］．北京：中国石化出版社，2004.

［41］唐孝炎，张远航，邵敏．大气环境化学．2 版．北京：高等教育出版社，2006.

［42］吴治坚．新能源和可再生能源的利用［J］．2006.

［43］王晓昌．环境工程学［M］．北京：高等教育出版社，2011.

［44］王罗春，何德文，赵由才．危险化学品废物的处理［M］．北京：化学工业出版社，2006.

［45］武志勇．汽车尾气排放控制措施浅议［J］．科技情报开发与经济，2005, 15(3):287-288.

［46］徐民英．环境应急管理的国际经验及其启示［J］．商场现代化，2006(20):135-136.

［47］杨宏伟，吕淼．饮用水安全保障技术［J］．食品研究与开发，2010, 31(1): 187-190.

［48］赵昱东．国外机动车排放污染控制技术的发展［J］．中国环保产业，2002(6):40-41.

［49］张其仔，张栓虎，于远光．环保产业现状与发展前景［M］．广州：广东经济出版社，
2015.